职业教育中餐烹饪与西餐烹饪专业系列教材

名菜名点赏析

杨存根　闵二虎　主编

孙国军　曾卫群　方保林　副主编

科学出版社
北　京

内 容 简 介

为进一步提升餐饮从业人员的文化素养，加深他们对烹饪文化的了解，我们特编写了本书。

本书作为烹饪专业的一门重要文化素养课程，在内容采集上，根据现代职业学生的实际情况，以名菜名点的故事典故引入，增加了可读性，符合职业学生的心理和认识规律。

本书分上下两篇，十个单元，共四十三道名菜，四十道名点，分别介绍了名菜名点的历史典故，用料与烹调方法，菜点特点，营养标签。

本书可作为职业学校烹饪专业，旅游服务与管理专业，酒店服务与管理专业的素养教材，还可作为烹饪爱好者的读本。

图书在版编目（CIP）数据

名菜名点赏析/杨存根，闵二虎主编. —北京：科学出版社，2012.8
（职业教育中餐烹饪与西餐烹饪专业系列教材）
ISBN 978-7-03-035100-5

Ⅰ.①名… Ⅱ.①杨…②闵… Ⅲ.①饮食－文化－中国－职业教育－教材 Ⅳ.① TS971

中国版本图书馆CIP数据核字（2012）第153450号

责任编辑：任锋娟/责任校对：王万红
责任印制：吕春珉/封面设计：鑫联必升
版式设计：东方人华

科学出版社出版

北京东黄城根北街16号
邮政编码：100717
http://www.sciencep.com

天津翔远印刷有限公司印刷
科学出版社发行　各地新华书店经销

＊

2012年8月第 一 版　　开本：787×1092 1/16
2023年1月第十三次印刷　　印张：9　插页：8
字数：216 000

定价：28.00 元
（如有印装质量问题，我社负责调换〈翔远〉）
销售部电话 010-62136230　编辑部电话 010-62135120-2015

版权所有，侵权必究

前　言

烹饪是人类提高生活质量、提升生命质量的重要手段之一，《尚书》云："八政，一曰食"；《诗》谓："民之质矣，日用饮食"；《史记》重"食货"；司马迁记俗谚"民以食为天"。由此可见，烹饪对于个人命运，对于民生优劣，对于历史文明和社会发展至关重要。随着我国经济社会的发展，城乡人民生活水平的不断提高，人们过去传统意义上的到宾馆饭店饱餐一顿的观念已有很大提升，而要讲营养、讲养生、讲文化。到宾馆饭店既希望品尝到美味佳肴，又希望欣赏到烹饪文化的氛围，使自己在文化浓郁的就餐环境中得到愉悦的享受。目前大多数宾馆饭店在餐厅装饰布置方面十分注意文化氛围的营造，让顾客在就餐时能放松心境，接受文化的熏陶，提高生活品味。作为承担着烹饪教育教学的职业教育学校，烹饪专业教育教学应顺应经济社会的发展需要，顺应行业企业用人的要求，满足人们对物质生活质量日益提升的需求，与市场无缝对接。这样做才能使烹饪专业教育教学充满活力和生机。

根据《中共中央国务院关于深化教育改革全面推进素质教育的决定》（中发 [1999]9 号）和《面向 21 世纪教育振兴行动计划》（教材 [1999]3 号），以新一轮课程改革的要求，主动进行市场调研，滚动修订人才培养方案，重新确立目标，构架新的教学内容与课程体系，改变教学方法与手段，注入现代教育元素等诸方面应是我们每一个职教人的责任。课程改革重点是人才培养模式的改革和教学内容体系的改革。"先导是教育思想的改革和教育理念的转变"，所以，近几年我们在人才培养目标、人才培养模式以及专业设置、课程改革等方面做了大量的研究、探索和实践，取得了明显的成效。结合烹饪专业特点，明确要求该专业的学生在校学习期间完成必修课程内容和选修课程内容，丰富学生专业内涵，帮助学生拓展专业知识和专业技能学习的层面，不断提高学生的专业素养，培养学生可持续发展能力，从而全面提高人才培养质量。基于以上原因，我们组织烹饪专业教师编写了这本教材。本教材不仅体现了现代教育的理念，也体现了课程改革的要求。以单元式教学为主线，突出以学生能力为本位，既使学生掌握烹饪文化的内涵，又使学生掌握专业技能；既继承传统的东西又去其糟粕、取其精华，实现理实一体化的模式，提升学生综合能力。

本书由江苏省扬州商务高等职业学校杨存根担任主编。单元一由桂林烹饪学校曾卫群编写；单元二由扬州大学烹饪旅游学院唐建华编写；单元三、单元八、单元十由江苏省扬州商务高等职业学校闵二虎编写；单元四由江苏省如皋职业教育中心校黄海涛编写；单元五、单元六、单元七由江苏省如皋职业教育中心孙国军编写；单元九由江苏省连云港大港中等专业学校方保林编写。总纂闵二虎老师。

　　本书可作为职业学校烹饪专业教材，也可作为烹饪技术人员的培训教材，并可供宾馆饭店从业人员以及广大烹饪爱好者使用。由于编写时间仓促，加之编者水平有限，书中定有诸多不妥之处，恳望各位专家及广大读者批评指正。

杨存根

2011 年 12 月

目　录

名菜赏析篇

单元一　辣文化餐饮集聚区名菜赏析

1.1 辣文化餐饮集聚区名菜概述 ⋯⋯⋯⋯⋯⋯⋯⋯⋯⋯⋯⋯⋯⋯ 4

1.2 辣文化餐饮集聚区代表名菜赏析 ⋯⋯⋯⋯⋯⋯⋯⋯⋯⋯⋯⋯ 5

　　一、鱼香肉丝 ⋯⋯⋯⋯⋯⋯⋯⋯⋯⋯⋯⋯⋯⋯⋯⋯⋯⋯⋯ 5

　　二、回锅肉 ⋯⋯⋯⋯⋯⋯⋯⋯⋯⋯⋯⋯⋯⋯⋯⋯⋯⋯⋯⋯ 6

　　三、水煮肉片 ⋯⋯⋯⋯⋯⋯⋯⋯⋯⋯⋯⋯⋯⋯⋯⋯⋯⋯⋯ 7

　　四、灯影牛肉 ⋯⋯⋯⋯⋯⋯⋯⋯⋯⋯⋯⋯⋯⋯⋯⋯⋯⋯⋯ 8

　　五、砂锅焖狗肉 ⋯⋯⋯⋯⋯⋯⋯⋯⋯⋯⋯⋯⋯⋯⋯⋯⋯⋯ 9

　　六、宫保鸡丁 ⋯⋯⋯⋯⋯⋯⋯⋯⋯⋯⋯⋯⋯⋯⋯⋯⋯⋯ 10

　　七、太白鸡 ⋯⋯⋯⋯⋯⋯⋯⋯⋯⋯⋯⋯⋯⋯⋯⋯⋯⋯⋯ 11

　　八、豆花江团 ⋯⋯⋯⋯⋯⋯⋯⋯⋯⋯⋯⋯⋯⋯⋯⋯⋯⋯ 12

　　九、夫妻肺片 ⋯⋯⋯⋯⋯⋯⋯⋯⋯⋯⋯⋯⋯⋯⋯⋯⋯⋯ 13

　　十、麻婆豆腐 ⋯⋯⋯⋯⋯⋯⋯⋯⋯⋯⋯⋯⋯⋯⋯⋯⋯⋯ 15

单元二　北方菜集聚区名菜赏析

2.1 北方菜集聚区名菜概述 ⋯⋯⋯⋯⋯⋯⋯⋯⋯⋯⋯⋯⋯⋯⋯ 18

2.2 北方菜集聚区代表名菜赏析 ⋯⋯⋯⋯⋯⋯⋯⋯⋯⋯⋯⋯⋯ 20

　　一、涮羊肉 ⋯⋯⋯⋯⋯⋯⋯⋯⋯⋯⋯⋯⋯⋯⋯⋯⋯⋯⋯ 20

　　二、北京烤鸭 ⋯⋯⋯⋯⋯⋯⋯⋯⋯⋯⋯⋯⋯⋯⋯⋯⋯⋯ 22

　　三、甲第魁元 ⋯⋯⋯⋯⋯⋯⋯⋯⋯⋯⋯⋯⋯⋯⋯⋯⋯⋯ 23

　　四、糖醋黄河鲤 ⋯⋯⋯⋯⋯⋯⋯⋯⋯⋯⋯⋯⋯⋯⋯⋯⋯ 24

　　五、宫门献鱼 ⋯⋯⋯⋯⋯⋯⋯⋯⋯⋯⋯⋯⋯⋯⋯⋯⋯⋯ 26

六、诗礼银杏……………………………………………………………………27

七、全家福……………………………………………………………………28

单元三　淮扬菜集聚区名菜赏析

3.1 淮扬菜集聚区名菜概述　　　　　　　　　　　　　　　　　　　31

3.2 淮扬菜集聚区代表名菜赏析　　　　　　　　　　　　　　　　　33

一、清炖蟹粉狮子头…………………………………………………………33

二、扁大枯酥…………………………………………………………………34

三、沛公狗肉…………………………………………………………………35

四、叫花鸡……………………………………………………………………36

五、苏州卤鸭…………………………………………………………………38

六、涟水鸡糕…………………………………………………………………39

七、将军过桥…………………………………………………………………39

八、文思豆腐…………………………………………………………………41

九、霸王别姬…………………………………………………………………42

十、天下第一菜………………………………………………………………43

单元四　粤菜集聚区名菜赏析

4.1 粤菜集聚区名菜概述　　　　　　　　　　　　　　　　　　　46

4.2 粤菜集聚区代表名菜赏析　　　　　　　　　　　　　　　　　47

一、蜜汁叉烧…………………………………………………………………47

二、白云猪手…………………………………………………………………48

三、片皮乳猪…………………………………………………………………49

四、大良炒鲜奶………………………………………………………………51

五、生炆狗肉…………………………………………………………………52

六、盐焗鸡……………………………………………………………………53

七、佛山柱侯酱鸭……………………………………………………………54

八、佛跳墙……………………………………………………………………55

九、东壁龙珠…………………………………………………………………57

十、打边炉……………………………………………………………………58

单元五　清真餐饮集聚区名菜赏析

5.1　清真餐饮集聚区名菜概述 60

5.2　清真餐饮集聚区代表名菜赏析 61

一、手抓羊肉 61

二、大漠羊腿 62

三、蜜枣羊肉 63

四、烤全羊 64

五、烧千里风 65

六、扣麒麟顶 66

名点赏析篇

单元六　辣文化餐饮集聚区名点赏析

6.1　辣文化餐饮集聚区名点概述 72

6.2　辣文化餐饮集聚区代表名点赏析 72

一、龙抄手 72

二、都督烧麦 74

三、韩包子 75

四、蛋烘糕 77

五、萝卜酥饼 78

六、过桥米线 79

七、淋浆包子 81

八、赖汤团 81

九、遵义羊肉粉 83

单元七　北方菜集聚区名点赏析

7.1　北方菜集聚区名点概述 86

7.2　北方菜集聚区代表名点赏析 87

一、羊肉烧麦 87

二、狗不理包子 88

三、焦圈 90

四、锅魁 91

五、红脸烧饼 92

六、闻喜煮饼 93

七、艾窝窝 94

八、驴打滚 96

单元八 淮扬菜集聚区名点赏析

8.1 淮扬菜集聚区名点概述 98

8.2 淮扬菜集聚区代表名点赏析 99

一、王兴记馄饨 99

二、翡翠烧麦 100

三、文楼汤包 101

四、三丁包子 102

五、黄桥烧饼 103

六、大救驾 105

七、吴山酥油饼 106

八、苏式月饼 107

单元九 粤菜集聚区名点赏析

9.1 粤菜集聚区名点概述 110

9.2 粤菜集聚区代表名点赏析 112

一、鲜奶鸡蛋挞 112

二、蜂巢荔芋角 114

三、西樵大饼 115

四、娥姐粉果 116

五、干蒸烧麦 117

六、鲜虾荷叶饭 118

七、竹筒饭 119

八、糯米鸡 120

九、龙江煎堆 122

单元十　清真餐饮集聚区名点赏析

10.1 清真餐饮集聚区名点概述 ⋯⋯⋯⋯⋯⋯⋯⋯⋯⋯⋯⋯⋯⋯⋯⋯⋯⋯⋯⋯ 125

10.2 清真餐饮集聚区代表名点赏析 ⋯⋯⋯⋯⋯⋯⋯⋯⋯⋯⋯⋯⋯⋯⋯⋯⋯ 127

　　一、花卷 ⋯⋯⋯⋯⋯⋯⋯⋯⋯⋯⋯⋯⋯⋯⋯⋯⋯⋯⋯⋯⋯⋯⋯⋯⋯⋯⋯ 127

　　二、金鼎牛肉面 ⋯⋯⋯⋯⋯⋯⋯⋯⋯⋯⋯⋯⋯⋯⋯⋯⋯⋯⋯⋯⋯⋯⋯ 128

　　三、青海砖包城 ⋯⋯⋯⋯⋯⋯⋯⋯⋯⋯⋯⋯⋯⋯⋯⋯⋯⋯⋯⋯⋯⋯⋯ 129

　　四、清蒸油旋饼 ⋯⋯⋯⋯⋯⋯⋯⋯⋯⋯⋯⋯⋯⋯⋯⋯⋯⋯⋯⋯⋯⋯⋯ 130

　　五、馕 ⋯⋯⋯⋯⋯⋯⋯⋯⋯⋯⋯⋯⋯⋯⋯⋯⋯⋯⋯⋯⋯⋯⋯⋯⋯⋯⋯⋯ 131

　　六、拉条子 ⋯⋯⋯⋯⋯⋯⋯⋯⋯⋯⋯⋯⋯⋯⋯⋯⋯⋯⋯⋯⋯⋯⋯⋯⋯ 133

主要参考文献 ⋯⋯⋯⋯⋯⋯⋯⋯⋯⋯⋯⋯⋯⋯⋯⋯⋯⋯⋯⋯⋯⋯⋯⋯⋯⋯ 134

名菜

赏析篇

单元一

辣文化餐饮集聚区名菜赏析

单元目标

★ 通过学习对辣文化餐饮集聚区名菜特点有所了解。

★ 掌握辣文化集聚区代表名菜制作方法、名菜特点及饮食文化相关内容。

★ 熟知代表名菜的历史文化及典故来源，掌握每道菜肴的制作方法与成菜关键。

单元介绍

　　本单元介绍辣文化集聚区代表名菜，从名菜概述、文化赏析、用料与烹调、菜品特点、营养标签与思考练习六个方面着手，恰到好处的将代表名菜的历史文化、烹饪工艺与营养成分三大主要模块进行有机统一，从而有效地引导学生从单一技能型向综合素质型转变。

1.1 辣文化餐饮集聚区名菜概述

辣文化餐饮集聚区：以四川、重庆、湖南、湖北、江西、贵州为主的餐饮区域。辣椒原产拉丁美洲热带地区，于1493年由哥伦布船队先传入欧洲，1583～1598年传入日本，传入中国的年代未见具体的记载，但是比较公认的中国最早关于辣椒的记载是明代高濂撰《遵生八笺》（1591年），有"番椒丛生，白花，果俨似秃笔头，味辣色红，甚可观"的描述。据此记载，通常认为，辣椒是明朝末年传入中国。

辣椒传入中国有两条路径，一是著名的丝绸之路，从西亚进入新疆、甘肃、陕西等地，率先在西北栽培；二是经过马六甲海峡进入南中国，在南方的云南、广西和湖南等地栽培，然后逐渐向全国扩展，到现在几乎是没有辣椒的空白地带了。

清初，最先开始食用辣椒的是贵州及其相邻地区。在盐缺乏的贵州，康熙年间（1662～1722年）"土苗用以代盐"，辣椒起了代盐的作用，可见与生活之密切。至乾隆年间，贵州地区开始大量食用辣椒，紧接着与贵州相邻的云南镇雄和湖南辰州府也开始食用辣椒。在乾隆十二年（1747年）的《台湾府志》中，有了台湾岛食用辣椒的记载。嘉庆（1796～1820年）以后，有记载说，黔、湘、川、赣四省已开始"种（辣椒）以为蔬"了。道光年间（1821～1850年），贵州北部已"顿顿之食每物必蕃椒"。同治时（1862～1874年）贵州人则"四时以食"海椒。清代末年贵州地区盛行的苞谷饭，其菜多用豆花，便是用水泡盐块加海椒，用作蘸水，有点像今天四川富顺豆花的海椒蘸水。

湖南一些地区在嘉庆年间食辣还不多，但道光以后，食用辣椒便较普遍了。据清代末年《清稗类钞》记载："滇、黔、湘、蜀人嗜辛辣品"、"（湘鄂人）喜辛辣品"、"无椒芥不下箸也，汤则多有之"，说明清代末年湖南、湖北人食辣已经成性，连汤里都要放辣椒了。

相较之下，四川地区食用辣椒的记载稍晚。雍正《四川通志》、嘉庆《四川通志》中都没有种植和食用辣椒的记载。目前见于记载的最早可能是在嘉庆末期，当时种植和食用辣椒的主要区域是成都平原、川南、川西南，以及川、鄂、陕交界的大巴山区。同治以后，四川食用辣椒才普遍起来，以至"山野遍种之"。据清代末年傅崇矩的《成都通览》记载，光绪以后成都各色菜肴达1328种之多，而辣椒已经成为川菜中主要的作料之一，食辣已经成为四川人饮食的重要特色。与傅崇矩同一时代的徐心余在《蜀游闻见录》中也有类似记载："惟川人食椒，须择其极辣者，且每饭每菜，非辣不可。"

云南在什么时候开始食辣？其邻近贵州的镇雄在乾隆时期起食辣，但直至光绪时期的著述《云南通志》中仍无辣椒的踪影，其时辣椒已经涌入了云南——徐心余在《蜀游闻见录》中写到，他的父亲在雅安发现每年经四川雅安运入云南的辣椒"价值数十万，似滇人食椒之量，不弱于川人也"。

1.2　辣文化餐饮集聚区代表名菜赏析

一、鱼香肉丝

（一）文化赏析

相传很久以前，在四川有一户生意人家，他们家里的人很喜欢吃鱼，对调味也很讲究，所以他们在烧鱼的时候都要放一些葱、姜、蒜、酒、醋、酱油等去腥增味的调料。有一天晚上，家中的女主人在炒另一个菜的时候，为了不使配料浪费，她把上次烧鱼时用剩的配料都放在这款菜中炒和，当时还以为这款菜可能味道不是很好，担心男主人回来后不好交代，正在发呆之际，男主人回家了。不知是肚饥之故还是感觉这碗菜特别，他还没等开饭就用手抓起往嘴里送，刚吃上两口，就迫不及待地问女主人此菜是用什么做的，就在她结结巴巴不知如何回答之时，意外地发现男主人连连称赞此菜美味，男主人见她没回答，又问了一句"这么好吃是用什么做的"，就这样女主人才一五一十地给他讲了一遍。而这款菜是用烧鱼的配料来炒和其他菜肴，无鱼而有鱼香，其味无穷，所以取名为鱼香。

其实，在四川民间，很早就有把鲜活鲫鱼与红辣椒一起腌制泡椒的习俗，用之做菜自然有淡淡的鱼香滋味，加之都喜欢在烹调鱼肴时加入姜、葱、蒜等作料，久而久之也就形成了一种模式。后来这款菜经过了四川厨师若干年的改进，列入四川菜谱并衍生了系列菜品，如鱼香猪肝、鱼香肉丝（见彩图1）、鱼香豆腐、鱼香茄子、鱼香三丝，以及如法炮制的凉拌菜系列等。因此，菜风味独特，咸、甜、酸、辣兼备，姜、葱、蒜味突出，很快受到各地食客的欢迎并风靡全国。

（二）用料与烹调

【原料】猪肉350克，笋丝25克，水发木耳50克，泡辣椒末25克，姜末10克，蒜末15克，葱花15克，酱油15克，精盐3克，白糖15克，醋5克，味精1克，鲜汤50克，精炼油75克，湿淀粉30克。

【制法】1．猪肉切成长8厘米、粗0.3厘米的丝，放入碗内加盐、湿淀粉拌匀。

2．木耳洗净，切成长8厘米、厚0.4厘米的丝。

3．用酱油、醋、白糖、味精、湿淀粉、鲜汤、盐放入碗内兑成芡汁待用。

4．炒锅置旺火上，放油烧至五成热，下肉丝炒散，加入泡辣椒末、姜末、蒜末炒出香味，再放入木耳丝、笋丝、葱花炒匀；最后放入芡汁，迅速翻簸淋油起锅。

（三）菜品特点

色泽红润，肉质滑嫩，咸、甜、酸、辣味俱全。

（四）营养标签（以100克为例）

菜肴主料	蛋白质/克	脂肪/克	糖类/克	热量/千卡	钙/毫克	磷/毫克	铁/毫克
猪瘦肉	20.2	7.9	0.7	155	6	184	1.5

（五）思考与练习

1．鱼香肉丝的口味特点是什么？有何制作关键？

2．鱼香肉丝除了用笋丝、水发木耳作为配料，还可使用哪些原料替代？

3．按鱼香肉丝的做法，制作一份鱼香茄子。

4．简述鱼香肉丝的历史典故。

二、回　锅　肉

（一）文化赏析

传说回锅肉（彩图2）是从前四川人初一、十五打牙祭的当家菜。系将敬鬼神、祖宗的供品在祭祀之后拿来回锅食用，因而也称"会锅肉"，川西地区还称之为"熬锅肉"。所谓回锅，就是再次烹调的意思。当时做法多是先白煮，再爆炒。在四川还流传另外一种做法，清末时成都有位姓凌的翰林，因宦途失意退隐家居，潜心研究烹饪。他将原来先煮后炒的回锅肉，改为先将猪肉焯水去除腥味，再用隔水容器密封，蒸熟后再煎炒成菜。因为早蒸至熟，减少了可溶性蛋白质的损失，保持了肉质的浓郁鲜香，原味不失，色泽红亮。

回锅肉在川菜中的地位是非常重要的，家家户户都能制作，又被四川菜馆作为传统名肴。久居异地的四川人，每当回到四川，山珍海味可免，而回锅肉不能不吃。

（二）用料与烹调

【原料】带皮坐臀肉300克，青蒜50克，郫县豆瓣酱20克，甜面酱10克，酱油10克，黄酒10克，生油25克，白糖5克，豆豉2.5克，姜片10克，葱段10克，湿淀粉30克。

【制法】1．将猪腿肉洗净，锅中放入适量水和姜片、葱段，水开后放入肉煮至刚熟（约10分钟，用筷子能戳透肉），捞起用冷水稍浸，沥干。

2．将肉切成长7厘米、宽4厘米、厚0.2厘米的薄片备用。

3．豆瓣酱剁蓉，青蒜拍碎，切段。

4．炒锅置于中火上，放油烧至五成热，下肉片略炒，至肉片稍卷呈"灯盏窝形"，放入豆瓣酱炒香，再放入甜面酱炒出香味，依次放入酱油、豆豉、白糖。

5．放入青蒜段炒至断生，淋入湿淀粉翻炒均匀，起锅装盘即可。

（三）菜品特点

色泽红亮，香味浓郁，微辣回甜，肥而不腻。

（四）营养标签（以100克为例）

菜肴主料	蛋白质／克	脂肪／克	糖类／克	热量／千卡	钙／毫克	磷／毫克	铁／毫克
猪肉（肥瘦）	14.6	30.8	2.4	336	5	130	1

（五）思考与练习

1. 回锅肉制作有哪些操作要领？如何才能使肉片起"灯盏窝形"？

2. 如何将豆瓣酱炒香出色？

3. 简述"回锅肉"历史文化来源。

三、水 煮 肉 片

（一）文化赏析

四川自古出产井盐，相传北宋时期，在四川盐都自贡一带，井盐采卤是用牛作为牵车动力，故有役牛淘汰，而当地用盐又极为方便，于是盐工们将牛宰杀，取肉切片，放在盐水中加热煮熟，味美价廉，成为盐工们打牙祭的主要菜肴。由于是用水煮而成，就命名为水煮牛肉（彩图3）。后来，人们逐渐对水煮牛肉进行完善，先是增加姜、花椒等调料，明末清初辣椒引进后，又增加了辣椒、郫县豆瓣酱。因其麻辣鲜香、肉嫩味鲜，因此得以广泛流传，成为四川民间一道传统名菜。此菜中的牛肉片，不是用油炒的，而是在辣味汤中烫熟的，故名"水煮牛肉"。后来，也有一些酒楼厨师又对用料进行了改进，改用了猪肉、鱼肉、鳝鱼、毛肚，制成"水煮肉片"、"水煮鱼片"、"水煮鳝鱼"、"水煮毛肚"等菜肴，使水煮菜肴得以发扬光大。

（二）用料与烹调

【原料】牛里脊肉250克，莴笋尖150克，青蒜50克，芹菜50克，郫县豆瓣酱30克，干辣椒15克，花椒2克，黄酒15克，鲜汤750克，精盐2克，味精5克，酱油10克，白糖5克，食粉1克，蒜蓉5克，姜末5克，葱5克，湿淀粉30克，精炼油100克。

【制法】1. 将瘦肉切成约长5厘米、宽2.5厘米、厚0.3厘米的大薄片，用食粉、黄酒、精盐、湿淀粉将肉抓匀稍腌待用。

2. 将莴笋尖、青蒜、芹菜、葱洗净，莴笋尖切片，青蒜、芹菜切断，葱洗净切成葱段，干辣椒用剪刀剪成段待用，郫县豆瓣剁碎待用。

3. 炒锅内倒入25克油，放入干辣椒段和花椒用中火炸至呈棕红色，捞出待用。

4. 转大火，将葱段放入炒锅内炒香，再放入莴笋尖、青蒜、芹菜炒断生，铺在大碗内待用。

5. 锅烧热，再倒入25克油，放入郫县豆瓣和姜末炒香，直到炒出红油。加入肉汤，烧沸。

6. 将腌好的肉片放入锅中，用筷子拨散，待肉片煮至散开变色时，加入酱油、味精、糖调味。

7. 将肉片和汤汁一起倒入铺好配菜的大碗中。

8. 将事先炸好的干辣椒和花椒剁碎，撒在肉片上，蒜蓉也均匀撒在肉片上。

9. 锅洗净擦干，放入 50 克油，烧至 7 成热（冒烟），然后将热油均匀浇淋在肉片上即可。

（三）菜品特点

色泽红润，麻辣鲜香，口感滑嫩。

（四）营养标签（以100克为例）

菜肴主料	蛋白质／克	脂肪／克	糖类／克	热量／千卡	钙／毫克	磷／毫克	铁／毫克
牛肉（瘦）	22.2	0.9	2.4	107	3	241	4.4

（五）思考与练习

1. 水煮牛肉有何制作要领？如何使牛肉片质感细嫩？

2. 收集水煮牛肉的相关历史典故。

四、灯 影 牛 肉

（一）文化赏析

清代光绪年间，四川梁平县人氏刘仲贵，在达县开了一家小酒店，刘仲贵精于烹调，为了闯出名气，他精心研制了一种下酒佳肴。因为此菜刀工细腻，片薄如纸，呈半透明状，取牛肉片在灯前照看，可以透出灯影，所以称之为"灯影牛肉（彩图 4）"。不久，成都、重庆相继仿制，"灯影牛肉"遂成为川菜中的名菜。

1922 年，重庆的老四川馆，将精心烹制的灯影牛肉放在一个小玻璃柜内，里面点一盏灯，入夜时在闹市出售，望去如民间牛皮灯影，观之者如堵，尝之者如云，从此"灯影牛肉"之名益彰。如今，名川菜馆都经营此菜，四川北部大巴山南麓的达县还大量生产"灯影牛肉"的罐头食品，远销各地。

（二）用料与烹调

【原料】净牛肉 500 克，白糖 25 克，花椒面 10 克，辣椒粉 15 克，盐 15 克，黄酒 100 克，五香粉 25 克，味精 1 克，姜 15 克，芝麻油 10 克，精炼油 500 克。

【制法】1. 选用牛后腿上的腿子肉，去除膜皮用清水洗净，切去边角，片成大薄片。将牛肉片放在案板上铺平理直，均匀地撒上炒干水分的盐，裹成圆筒形，晾至牛肉呈鲜红色（夏天约 14 小时，冬天 3 ～ 4 天）。

2. 将晾干的牛肉片放在烘炉内，平铺在钢丝架上。用木炭火烘约 15 分钟，至牛肉片干结。然后上笼蒸约 30 分钟取出，切成长 4.2 厘米、宽 2.6 厘米的小片，再上笼蒸约 1.5 小时取出。

3．炒锅烧热，入油烧至七成热，放姜片炸出香味，捞出，待油温降至三成热时，将锅移至小火灶上，放入牛肉片慢慢炸透，滗去约 2/3 的油，烹入黄酒拌匀，再加入辣椒粉、花椒面、白糖、味精、五香粉，颠翻均匀，出锅晾凉淋上芝麻油即可。

（三）菜品特点

肉片薄如纸，色泽红润透亮，麻辣干香，味鲜适口，回味悠长，是佐酒佳肴。

（四）营养标签（以 100 克为例）

菜肴主料	蛋白质／克	脂肪／克	糖类／克	热量／千卡	钙／毫克	磷／毫克	铁／毫克
牛肉	22.2	0.9	2.4	7	3	241	4.4

（五）思考与练习

1．"灯影牛肉"有何制作要领？

2．制作"灯影牛肉"为何要进行晾干处理？

3．灯影牛肉因何原因而得名？

五、砂锅焖狗肉

（一）文化赏析

俗话说："寒冬至，狗肉肥"、"狗肉滚三滚，神仙站不稳"。寒冬正是吃狗肉的好时节，它与羊肉都是冬令进补的佳品。狗肉不但肉嫩味香，营养丰富，而且产生的热量高，增温御寒能力较强。李时珍在《本草纲目》中称："狗肉能安五脏、轻身、益气、强肾、补胃、暖腰膝、补五劳七伤、填精髓。"因此，一些体质虚弱和患有关节炎等病的人，在严冬季节，吃些狗肉是很有好处的。

狗肉在百姓眼中，虽说是平常之物，却与一代开国皇帝有一段佳话。据《汉书·樊哙传》记载，汉高祖手下名将樊哙，在跟随刘邦起兵前，就曾在家乡沛县以屠狗为事。相传，樊哙每日里到四乡买得活狗，宰杀之后，以乌龙潭水冲洗，汲潭水烹之，设摊叫卖，味极鲜美，享有盛誉。

砂锅焖狗肉（彩图 5）是云南文山苗族的风味名菜。

（二）用料与烹调

【原料】狗肉 1.5 千克，盐 10 克，黄酒 100 克，蒜片 15 克，葱段 25 克，姜块 25 克，干辣椒（切断）25 克，胡椒粉 2 克，陈皮 5 克，白豆蔻 5 克，砂仁 5 克。

【制法】1．狗肉切成两大块，放入锅内加水用旺火煮净血水，捞出用清水洗净。

2. 焯过的狗肉放入大砂锅内，加入清水（以没过肉为宜）、葱段、姜块、黄酒50克，加盖，用旺火烧开。

3. 转小火煮至八成熟捞出，拆去骨头，把骨头放回汤中再煮。

4. 拆骨狗肉切成长4厘米、厚2毫米的片备用。

5. 把铁锅放在火上烧热，放入植物油15克，把切好的狗肉放入锅内煸炒几下。

6. 倒入黄酒50克，把狗肉翻身后盛在小砂锅内，倒入煮狗肉的原汤（汤量以没过狗肉为宜），加入干辣椒、精盐、砂仁、豆蔻，盖好锅盖煮开，转微火炖30分钟。

7. 依次撒上陈皮末、姜末、胡椒粉、蒜片，盖锅稍炖片刻即成。

（三）菜品特点

色泽金红，香味醇厚，酥烂汁浓，味鲜带辣。

（四）营养标签（以100克为例）

菜肴主料	蛋白质/克	脂肪/克	糖类/克	热量/千卡	钙/毫克	磷/毫克	铁/毫克
狗肉	16.8	4.6	1.8	116	52	107	2.9

（五）思考与练习

1. 砂锅狗肉的制作有何关键点？

2. 根据文化赏析对砂锅焖狗肉的历史典故进行扩充？

六、宫保鸡丁

（一）文化赏析

"宫保"是清代官衔，相传与清代咸丰进士丁宝桢有密切关联。自清朝雍正时起，朝廷会对有功的大臣加以"少保"衔，以示朝廷的重用。丁宝桢原籍贵州，是咸丰三年的进士，历任山东巡抚、四川总督，为正二品官衔，相当于现在的省长。丁宝桢在山东任上因诛杀大太监安德海而名噪一时。又因平捻有功，被加了"太子少保"的官衔，以示朝廷的重用。所以，丁宝桢又有"丁宫保"的称谓。

宫保鸡丁（彩图6）并不是丁宫保创制，而是其偏爱的菜肴，由其家厨根据其口味嗜好创制而成。相传有一次外出归来已晚，众人饥肠辘辘，丁急传速备饭菜。家厨措手不及，便现抓了鸡丁、辣椒、花生米等原料，速炒成菜后竟大受赞赏。光绪二年（1876年），丁出任四川总督时，也将家厨携带入川。天府花生不亚于山东，只是调料中缺少了甜面酱，后改用豆瓣辣酱，略加白糖，滋味更佳。丁常以此菜宴请川籍同僚，博得众人称赞，纷纷传扬。由于此菜肉质柔嫩鲜滑、油而不腻、辣而不燥、花生酥脆，老少皆宜，一时闻名川地，并逐渐流传全国，成为川菜中的代表菜。

（二）用料与烹调

【原料】鸡脯肉 300 克，炸熟的花生米 50 克，黄瓜丁 50 克，干红辣椒丁 20 克，花椒 3 克，酱油 10 克，白糖 15 克，味精 3 克，精盐 3 克，鸡蛋清 10 克，郫县豆瓣酱 10 克，姜末，葱花，蒜片各 10 克，黄酒 10 克，醋 10 克，湿淀粉 30 克，红油 50 克，鲜汤 25 克。

【制法】1．将鸡脯肉拍松，切成 1.5 厘米见方的小丁，装入碗中加酱油、精盐、黄酒、鸡蛋清、湿淀粉拌匀待用。

2．花生米去衣，酱油、白糖、醋、味精、清汤、湿淀粉调成兑汁。

3．炒锅置旺火上，下红油烧至五成热，干辣椒、花椒、郫县豆瓣酱炒香，将鸡丁放入炒散，加入姜末、葱花、蒜片、黄瓜丁翻炒均匀，烹入兑汁，投入花生米颠匀即可装盘成菜。

（三）菜品特点

色泽棕红，鸡肉鲜嫩，花生香脆，滑嫩爽口，辣香略带甜酸。

（四）营养标签（以100克为例）

菜肴主料	蛋白质 / 克	脂肪 / 克	糖类 / 克	热量 / 千卡	钙 / 毫克	磷 / 毫克	铁 / 毫克
鸡脯肉	19.4	5	2.5	133	3	214	0.6

（五）思考与练习

1．查阅历史书籍，从中找出与丁宝桢有关联的其他菜肴。

2．制作"宫保鸡丁"为什么选用鸡脯肉，而不用鸡腿肉？

七、太 白 鸡

（一）文化赏析

唐玄宗天宝元年，诗人李白一度受到唐玄宗的赏识，遂应召入京供奉翰林。很快，李白以才气使"王公大臣争相交结"，而对他的诗"达官贵人竞相诵吟"。尽管如此，但在唐玄宗眼里，李白始终不过是一个写诗填词的"弄臣"，并没有在政治上重用李白的意思。

一向襟怀"直挂云帆济沧海"宏大抱负的李白，并不甘心当一个歌颂升平的御用文人，而是想成为国家的"辅弼"，大展经纶，施展抱负。为此他多次向唐玄宗暗示，希望能得到皇上的重用。唐玄宗开始只是不予理会，后来因杨贵妃、杨国忠、高力士等人进谗言，而逐渐被疏远。

李白为了实现自己的抱负，曾设法接近唐玄宗，便以美食为媒介，把自己年轻时在四川吃过的一道佳肴焖蒸鸭子，亲手烹制献给唐玄宗。唐玄宗食后，觉得此菜味道极佳，回味无穷，大加赞赏，便赐名为"太白鸭子"，并命将此菜列入御膳谱中。后来李白虽然没有达到自己的愿望，但他献菜之事却成为一段佳话，留下了这道"太白鸭子"历代相传至今，成为四川传统名菜。

后来，川地厨师根据"太白鸭子"的制作要领及本地的物产特点，进行了改良和创新，创制了具有本地风味特色的"太白鸡"见彩图7。

（二）用料与烹调

【原料】仔鸡腿 600 克，干红辣椒 10 克，泡红辣椒 50 克，花椒 3 克，葱 15 克，姜块 10克，整花椒 5 克，黄酒 10 克，精盐 5 克，鲜汤 250 克，酱油 10 克，醪糟汁 20克，味精 3 克，白糖 5 克，胡椒粉 2 克，香油 10 克，精炼油 1 千克。

【制法】1. 鸡腿肉洗净切成 3 厘米见方的块；干辣椒、泡红辣椒去蒂、去籽，切段；葱、生姜洗净，葱挽成结，生姜拍松。

2. 锅置于旺火上，放入花生油烧至六成热，放入鸡腿肉过油后捞出，沥油备用。

3. 锅中留底油 50 克，烧至四成热，下干辣椒煸炒，再放入泡红辣椒炒至油呈微红色，下姜片、葱段、整花椒炒香，加入鸡块、鲜汤、黄酒、白糖、精盐、酱油、醪糟汁烧沸，撇去浮沫，微火慢焖 15 分钟。

4. 至汁浓、肉熟软时，拣出葱、姜、干辣椒、泡红辣椒、花椒包，撒入胡椒粉、味精，再用中火收汁，淋上香油，起锅即成。

（三）菜品特点

菜色红亮，质地软熟，咸鲜微辣。

（四）营养标签（以100克为例）

菜肴主料	蛋白质／克	脂肪／克	糖类／克	热量／千卡	钙／毫克	磷／毫克	铁／毫克
鸡腿肉	16	13	4.6	181	6	172	1.5

（五）思考与练习

1. "太白鸡"的制作有哪些关键点？

2. 可否用此方法制作其他原料？请实例说明。

3. 辣文化集聚区中还有哪些菜肴与李白有关？列举二道。

八、豆 花 江 团

（一）文化赏析

江团，又名长吻鮠、鮰鱼，人称"嘉陵美味"，其肉嫩味鲜美，齿利身肥，肉无硬刺，无鳞色艳，白里透红，被誉为淡水食用鱼中的上品。这种鱼终年栖身于嶙峋险峻、苍翠深幽的岷江山峡十多米深的水底，最大的体长约一米，重达八九千克。此鱼最美之处在带软边的腹部，而且其鳔特别肥厚，干制后为名贵的鱼肚，广受食客赞誉。

"豆花江团"（见彩图8）出自泊在嘉陵江边的鱼餐馆。这些鱼餐馆以经营各种产自本地的鲜活的江团、鲶鱼、鲤鱼等为主，随客选择，经营品种有豆花鱼、魔芋鱼、血旺鱼、芋儿鱼等。烹调方法大致相同，只是原料不同而已，口感各具风味。其中以"豆花江团"最具代表性，很受食客欢迎。

（二）用料与烹调

【原料】江团 1 千克，豆花 500 克，郫县豆瓣酱 100 克，泡红辣椒 100 克，姜片，姜末，蒜蓉各 20 克，榨菜末 50 克，水发黄豆 50 克，葱节 100 克，干辣椒 25 克，花椒 20 克，精盐 4 克，味精 5 克，黄酒 10 克，生油 200 克，鲜汤 1 千克，干淀粉适量。

【制法】1．江团剖杀洗净，取鱼肉切成薄片（鱼骨、鱼头另作他用），用盐、黄酒、姜片、葱节渍 10 分钟，去掉姜葱，加入干淀粉拌匀。

2．炒锅放于火上，入油烧至四成热，到入鱼片滑油至断生，捞出沥油。

3．炒锅下油 150 克，烧至四成热，下郫县豆瓣酱、泡红辣椒、姜末、蒜米，炒色红味香后，加入鲜汤烧沸并调味，再加入鱼片、葱结，烧沸起锅。

4．豆花焯水后盛入汤碗中，将烧沸的汤汁浇于豆花上，撒上榨菜末、水发黄豆。

5．炒锅下油 50 克，烧至四成热，下干辣椒、花椒炒香，放入豆花鱼片淋油即成。

（三）菜品特点

麻辣鲜香，肉质鲜嫩滑爽，豆花细嫩，黄豆酥香。

（四）营养标签（以100克为例）

菜肴主料	蛋白质/克	脂肪/克	糖类/克	热量/千卡	钙/毫克	磷/毫克	铁/毫克
江团鱼	13.7	4.7	3.1	146	18	129	0.6

（五）思考与练习

1．"豆花江团"的制作有何关键点？

2．与"红烧江团"相比，"豆花江团"在制作存在哪些优点？

3．根据菜肴特点及历史记载，细述红烧江团菜肴历史典故。

九、夫 妻 肺 片

（一）文化赏析

清朝末年，成都街头巷尾便有许多挑担、提篮叫卖凉拌肺片的小贩。用成本低廉的牛杂碎下脚料，经精加工、卤煮后，切成片，佐以酱油、红油、辣椒、花椒面、芝麻等拌食，风味别致，价廉物美，特别受到拉黄包车、脚夫和穷苦学生们的喜爱。20 世纪 30 年代在四川成都有一对摆小摊的夫妇，男叫郭朝华，女叫张田政，因制作的凉拌肺片精细讲究，颜色红润油亮，麻辣鲜香，风味独特。在用料上更为讲究，以牛肉、心、舌、肚、头皮等取代最初单一的肺，质量日益提高。加之他们夫妇俩配合默契，一个制作，一个出售，小生意做得红红火火，一时顾客云集，供不应求。由于所采用的原料是低廉的牛杂，因此最初被称作"废片"。一天，有位客商品尝过郭氏夫妻制作的废片后，赞叹不已，送上一个金字牌匾，上书"夫妻肺片"（见彩图9）四个大字，从此"夫妻肺片"这一小吃更有名了。

就常人看来，夫妻肺片其实就是"凉拌牛杂"的另一种叫法，原料最为普通不过了，重点是在配料做工上做足文章，这也许正是川菜的精神。地道的夫妻肺片选用牛心、肚、舌、筋、头皮等下脚料，用精制卤水卤好，切片后，把用红油辣椒、花椒面、卤水、花生末、芝麻末及芹菜末等精心调制好的料汁淋在上面，青红碧绿，诱人食欲。一大青瓷盘新拌的肺片端上桌，红油重彩，颜色透亮；把箸入口中，便觉麻辣鲜香、软糯爽滑、脆筋柔靡、细嫩化渣。

（二）用料与烹调

【原料】 牛肉和牛杂（肚，心，舌，头皮等）各500克，老卤水2.5千克，辣椒油50克，酱油25克，八角3个，味精，花椒，肉桂各5克，精盐15克，黄酒50克，姜块，葱结各15克，花生末25克，熟白芝麻15克，花椒面3克。

【制法】 1. 将牛肉、牛杂洗净，一起放入锅内，加入清水（以淹过肉料为宜）、姜块、葱结、黄酒，用旺火烧沸，撇去浮沫，煮至肉料呈白红色，滗去汤水，肉料仍留锅内，倒入老卤水，放入香料包（将花椒、肉桂、八角用布包扎好）、黄酒、精盐，再加清水400克左右，旺火烧沸约30分钟后，改用小火继续浸煮90分钟，至牛肉、牛杂软熟，捞出晾凉备用。

2. 取卤汁50克，加入味精、辣椒油、酱油、花椒面调成味汁。

3. 将晾凉的牛肉、牛杂分别切成长6厘米、宽2厘米、厚0.2厘米的片，混合在一起，淋入卤汁拌匀，分盛盘中，撒上花生末和白芝麻即成。

（三）菜品特点

制作精细，色泽红润，质爽味鲜，麻辣浓香。

（四）营养标签（以100克为例）

菜肴主料	蛋白质/克	脂肪/克	糖类/克	热量/千卡	钙/毫克	磷/毫克	铁/毫克
牛肉（瘦）	20.2	2.3	1.2	106	9	172	2.8
牛肚	14.5	1.6	0.4	72	40	104	1.8
牛心	15.4	3.5	3.1	106	4	178	5.9
牛舌	17	13.3	2	196	6	151	3.1

（五）思考与练习

1. "夫妻肺片"的制作有哪些关键点？

2．在"夫妻肺片"的制作过程中，如何掌握各种原料的火候？

3．查阅相关资料列举一道与人物有关的菜肴并说出历史典故。

十、麻婆豆腐

（一）文化赏析

四川传统名菜，始创于清代同治初年，在四川成都靠近郊区的万福桥，有个叫陈春富的青年和他的妻子刘氏，在这里开了一家专卖素菜的小饭铺。成都附近彭县、新繁等地到成都的行人和挑担小贩，很多人都喜欢在万福桥歇脚，吃顿饭，喝点茶。刘氏见到客人总是笑脸相迎，热情接待。有时遇上嘴馋的顾客要求吃点荤的，她就去对门小贩处买些牛肉切成片，做成牛肉烧豆腐供客人食用。

刘氏聪明好学，能虚心听取顾客们的意见，并改进烹调方法。譬如，下锅之前先将豆腐切成小块，用淡盐水焯一下，使豆腐更加软嫩；牛肉切成细粒状。刘氏做这道菜，除了注重调料的搭配，更注意掌握火候。她烹制的牛肉烧豆腐，具有麻、辣、香、烫、嫩、酥等特点，很多人吃起来烫得出汗，全身舒畅，吃了还想吃，因此招来不少回头客。

刘氏小时候出过天花，脸上留下几颗麻点，来往的客人熟了，就取笑叫她麻嫂，她也从不见怪。后来年纪大一点，人们改口叫麻婆。她做牛肉烧豆腐出了名，于是就成了"麻婆豆腐"（见彩图10）。这道菜菜汁浓味厚，滋味鲜美，是川菜麻辣味型主要代表菜之一，不仅全国有名，而且在国外数以千计的中餐厅里，也都以麻辣豆腐作为当家菜而使其享誉海外，它的名声有时甚至超过了北京烤鸭。

（二）用料与烹调

【原料】豆腐500克，牛肉末100克，青蒜25克，郫县豆瓣酱25克，豆豉15克，姜10克，辣椒粉10克，花椒面1.5克，酱油15克，精盐2克，白糖5克，味精3克，湿淀粉25克，鲜汤150克，精炼油100克。

【制法】1．将豆腐切成2厘米见方的块，放入加了少许盐的沸水中氽一下，去除豆腥味，捞出用清水浸泡。

2．豆豉、豆瓣酱剁蓉，青蒜切段，姜切末。

3．炒锅烧热，放油，放入牛肉末炒散。

4．待牛肉末炒至金黄色，放入豆瓣酱炒香，再放入豆豉、姜末、辣椒粉同炒至色红味香时，加入鲜汤煮沸，加酱油、青蒜段、糖，用盐调味，放入豆腐煮至入味，用湿淀粉勾芡，起锅盛入碗内，撒上花椒面即可。

（三）菜品特点

色泽红亮，麻辣鲜香，口感细嫩。

（四）营养标签（以100克为例）

菜肴主料	蛋白质/克	脂肪/克	糖类/克	热量/千卡	钙/毫克	磷/毫克	铁/毫克
豆腐	8.1	3.7	4.2	81	164	119	1.9

（五）思考与练习

1. "麻婆豆腐"是根据什么命名的？属于什么味型？

2. "麻婆豆腐"的制作有何关键点？

3. 在制作"麻婆豆腐"中，收汁过程中应注意哪些问题？

单元二

北方菜集聚区名菜赏析

单元目标

★ 通过学习对北方菜集聚区名菜特点有所了解。

★ 掌握北方菜集聚区代表名菜制作方法、名菜特点及饮食文化相关内容。

★ 熟知代表名菜的历史文化及典故来源，掌握每道菜肴的制作方法与成菜关键。

单元介绍

本单元介绍北方菜集聚区代表名菜，从名菜概述、文化赏析、用料与烹调、菜品特点、营养标签与思考练习六个方面着手，恰到好处的将代表名菜的历史文化、烹饪工艺与营养成分三大主要模块进行有机统一，从而有效的将学生从单一技能型向综合素质型转变。

2.1　北方菜集聚区名菜概述

北方菜集聚区名菜是以北京、天津、山东、山西、河北、河南、陕西、甘肃及东北三省为主的餐饮区饮食名菜为主。重点建设鲁菜、津菜、冀菜创新基地，建立辽菜、吉菜、黑龙江菜研发基地。

山东菜又称为鲁菜，素以"选料讲究，制作精细，技法全面，调和得当"而闻名遐迩。鲁菜的共同特点是味鲜形美，以鲜为主，制作精细，善用火候。鲁菜在我国北方地区占有重要地位，当今北方许多名菜中有不少都源于鲁菜，故山东有"烹饪之乡"的盛誉。鲁菜可分为济宁风味、济南风味、胶东风味、孔府菜。济宁风味菜肴，素以烹制河鲜以及干鲜珍品见长，历经多年的演变，在当地盛传着大量的传统风味名菜，为鲁菜的发展奠定了基础。济宁地区的传统菜点品种繁多，形佳味美，很大程度上继承和发扬了市肆和民间风味菜品的优点。烹调方法以烧、扒、煨、炸、炒见长。名菜有糖醋鲤鱼、锅烧肘子、香酥鸭、清炖甲鱼、炒木须肉、葱爆羊肉、老卤烧鸡、五香牛肉、酱驴肉等。济南风味菜肴制作精细，讲究口味，注重火候，素以清、鲜、脆、嫩而著称。烹调方法多样，以爆、炒、烧、炸为主，选料严格，刀工精细，调味多样，善于用汤。清汤色清而鲜，奶汤色白而醇，色形俱佳，特别是奶汤与济南的蒲菜、菱白等制成的汤菜，汤鲜醇而清香，菜品"色、香、味、形"俱佳。名菜奶汤蒲菜、清汤燕菜、油爆双脆、糖醋黄河鲤鱼、九转大肠、蝴蝶海参等均是济南名菜。胶东风味菜肴擅长爆、炸、扒、熘、蒸等烹调方法，尤其在烹制海味菜品上以鲜为主，偏于清淡，菜肴在制作上加工迅速，注重原形，保持原味，烹调方法多采用蒸、煮、扒、爆、炒、熘等。名菜有清蒸加吉鱼、炒八带鱼、油爆海螺、炸蛎黄、熘蟹黄、扒原壳鲍鱼、烤大虾、葱烧海参、福山烧小鸡、青岛三烤（烤加吉鱼、烤小鸡、烤大排）等。孔府菜是我国最著名的官府菜。孔府菜是以济宁风味为基础、以"至圣先师"孔夫子"精食"思想为指导，具有一整套严格的饮宴规章、风味独特的官府菜，有着"钟鸣鼎食"的封建贵族饮食文化色彩。孔府菜中分为宴席菜和家常菜两大类，著名的"孔府三宴"有喜宴、寿宴和家宴。迎宾宴则有"燕菜全席"、"参翅席"、"素席"、"北席"、"南席"、"汉席"、"满席"等百余种。用料十分讲究，馐馔精美细致，盛器极尽富丽，排场彰显华贵。名菜有"孔府一品锅"、"牡丹燕菜"、"神仙鸭子"、"烤花揽鳜鱼"、"带子上朝"、"怀抱鲤"、"一卵孵双凤"、"一品豆腐"、"南煎丸子"等。鲁地环境优越，物产丰富多样，天然粮仓质优量大，蔬菜调料种类繁多，水果产量全国第一，畜禽蛋品质量可观，海产河鲜四时应市，琼浆美酒不胜枚举。

黑龙江菜是由本地传统菜和清代以来传入的鲁菜并结合俄、英、法等国烹饪技法而构成的。境内盛产大豆、高粱及蔬菜果品，丰富的山珍野味，如松茸、元蘑、白蘑、榛蘑、榆黄蘑、猴头蘑、黑木耳等珍贵的菌菜，哈士蟆、大马哈鱼为本地特产。黑龙江菜的烹法以煮、炖、汆、炒、生拌、凉拌为主。吸收北京菜、山东菜、西餐技法，形成了自己

"奇、鲜、清、补"的特色。代表菜有松子方肉、金狮鳜鱼、清扒猴蘑、炒肉溃菜粉、豆瓣马哈鱼、脆皮蕨菜卷、酱白肉、氽白肉、拌鱼生及渍菜火锅等。

吉林菜以长春菜为主，延续满族饮食习俗，以松辽平原所产的优质粮草、禽畜和长白山的野味及淡水产品为原料，吸收鲁菜之长而形成的。吉林的人参、沙参、白蘑、松茸蘑、猴头蘑、山蕨菜、薇菜、哈士蟆油、梅花鹿等是名产。吉林菜选料广泛，做工精细，精运火候，运工讲究，盘大量多。适应气候寒冷的特点，菜品油重色浓，咸辣味鲜，软嫩酥脆，荤素分明。菜肴有"无辣不成味，一热顶三鲜"之说。

辽宁菜也称辽菜，善用海鲜。辽东半岛盛产的紫鲍、刺参、对虾、扇贝、螃蟹及各种名贵鱼、贝、藻类海产，品质优良。代表辽菜的沈阳传统名菜，油重偏咸，汁浓芡亮，鲜嫩酥烂，形佳色艳。大连菜，以海鲜品为优势，讲究原汁原味，清鲜脆嫩。名菜有绣球燕菜、鸡腿扒海参、凤还巢、红娘自配、宫门献鱼、白扒猴头、锅包肉、扒三白、凤尾桃花虾等。

北京菜又称京菜。谭家菜是北京菜的代表菜之一，选料严、烹制精、火工巧、调味准为其主要特点。北京菜讲求味厚汁浓，肉烂汤肥，清鲜脆嫩，讲究火候，注重色形兼美。代表菜有北京烤鸭、涮羊肉、砂锅白肉、扒羊肉条、炸烹虾段、抓炒鱼片等。

天津菜又称津菜，由汉菜、清真菜和素菜组成。天津的饮食市场繁盛，名菜众多，烹调方法中擅长炸、爆、炒、烧、煎、熘、氽、炖、蒸、扒、烩等，尤以扒、软熘和清炒为独特，以咸鲜、清淡为主，菜肴质感讲究软、嫩、脆、烂、酥。名菜有扒通天鱼翅、一品官燕、鸡蓉燕菜、七星紫蟹、扒海养、红烧鹿筋、天津坛肉、元宝烧肉、挣蹦鲤鱼、蟹黄白菜、煎烹大虾、素扒鱼翅、素烤鸡等。

河北菜又称冀菜，由冀中南、宫廷塞外和京东沿海三个地区菜系组成。冀中南菜包括保定、石家庄、邯郸等地名菜，以保定为主。保定风味是河北烹饪技艺水品的代表。用料以山货和白洋淀水产为主。菜重色，重套汤，菜味香。明油亮芡，旺油爆汁。名菜有抓炒鱼、油爆肚仁、清蒸元鱼、芙蓉鸡片等。宫廷塞外菜包括承德、张家口、宣化等地名菜，以承德为代表。善烹鸡、鸭、野味，以山珍野味为主，禁忌牛、兔。刀工精细，注重火功，口味香酥咸鲜。名菜有叫花子山鸡、烤全鹿、香酥野鸭、烧口蘑等。京东沿海菜包括唐山、秦皇岛、沧州等地名菜，以唐山为代表。选料新鲜，刀工细腻，制作精致。菜肴口味清鲜，讲究清油抱芡，明油亮芡，盛装瓷器精美。名菜有酱汁瓦块鱼、烹大虾、京东板栗鸡、白玉鸡脯、群龙戏珠等。

山西菜又称晋菜，擅长爆、炒、熘、炸、烧、扒、蒸等技法，口味以咸鲜、酸甜为主，具有用油量多、色重、味厚香浓的特点。擅用牛、羊肉，调味多用山西老陈醋。名菜有过油肉、炸八块、葱油鲤鱼、糖醋佛手卷、醋熘肉片、锅烧羊肉、酱汁鸭子等。

内蒙古自治区地处北国边陲，疆域辽阔，历史上为北方少数民族集聚的地方，饮食具有鲜明的鞍马民族的特点。善于烧烤、清炖、氽涮、煎炸等技法，口味有咸鲜、酸甜、糊辣、奶香、烟香等。尤擅牛、羊肉及奶制品的食品烹制，如手扒羊肉、盐水牛肉、扒驼峰、芫爆散丹、炸羊尾、赤峰烧羊肉、松塔腰子等。

陕西菜又称秦菜，取材广泛，对猪、牛、羊肉及内脏使用极擅长，技法考究，一菜由多法制成。在诸多烹调方法的应用中，以蒸、烩、炖、煨、汆、炝为多。味型以咸鲜、酸辣、味香为主，兼有糖醋、糊辣、五香、腐乳、蒜泥、芥末。注重突出菜肴的香味，善用香菜、香油、陈醋、"三椒"和葱、姜、蒜。

甘肃菜又称陇菜，有适合于高原地区干燥凉爽气候的口味较咸而浓的饮食风味特点，有酸辣微咸的家常味型，还有咸鲜味、芥末味、糖醋味、椒盐味、无香味、甜香味、烟香味等。常用焖、炖、蒸、炸、炒、爆、拔丝、蜜汁等烹调技法。名菜有虎皮豆腐、临夏羊肉小炒、平凉葫芦头、张掖大菜、西夏石烤羊、油焖驼峰、红枣烧摆摆等。

宁夏菜在牛、羊肉的烹制方面极其擅长，菜肴的酸辣味是贯穿宁夏南北、最为当地人所喜爱的味道，且多喜醇浓味厚。烹调技法中最能体现地方特色的是烤和烩。烤菜讲究选料精细，调味复杂，成品外焦里嫩，肥而不腻，香气扑鼻，咸鲜可口。烩菜则保持原物原味。名菜有清炒驼峰丝、扒驼掌、清蒸鸽子鱼、烤羊肉串、手抓羊肉、羊肉炒酸菜等。

青海菜有汉族风味与回族风味，且二者之间又交错融汇，烹制技法和调料应用上相互影响，并吸收了藏族烹调的特点，构成了青海风味的主题。青海烹调技法多用烤、炸、蒸、烧、煮等，口味偏于酸辣香咸，口感以软烂醇香为主，兼有脆嫩的特色。名菜有酱渍鳇鱼、炸羊背、清炖羊杂碎、虫草炖鸡、蕨麻八宝饭等。

新疆地区除盛产牛羊肉、乳制品及羊肉午餐肉之外，蔬菜和水果也很多。吐鲁番的各种葡萄、库尔勒的香梨、伊犁的苹果、鄯善和哈密的大甜瓜、库车的小银杏、和田的水果桃、阿图什的无花果、叶城的石榴等。新疆地区的日照强度大，日照时间长，所产牛心番茄色红、肉厚、味甜、籽瓤少，由其所制成的番茄酱量大质优，是我国番茄酱主要供应地。新疆菜味浓，香辣兼备，主味突出，乡土气息浓厚。烧、蒸菜形状完整，酥烂软嫩，汁浓味香。烤、炸牛羊肉菜咸鲜、香辣，油香不腻。制作牛羊肉菜时，调味料多用孜然粉、大葱、洋葱、生姜、大蒜、胡椒、花椒面、小茴香、辣椒、泡椒、番茄酱（汁）、鲜葡萄汁等。名菜有花篮藏宝、烧羊蹄筋、烤羊排、烤全羊、手抓羊肉、羊肉抓饭等。

2.2　北方菜集聚区代表名菜赏析

一、涮 羊 肉

（一）文化赏析

涮羊肉传说起源于元代。当年元世祖忽必烈统帅大军南下远征，一日，人困马乏，饥肠辘辘，他猛想起家乡的菜肴——清炖羊肉，于是吩咐部下杀羊烧火。正当伙夫宰羊割肉时，探马飞奔进帐报告敌军逼近。饥饿难忍的忽必烈，心等着吃羊肉，他一面下令部队开拔一面喊："羊肉！羊肉！"厨师知道他性情暴躁，于是急中生智，飞刀切下十多片薄肉，放在沸水里搅拌几下，待肉色一变，马上捞入碗中，撒下细盐、姜末、葱花，送给忽必烈。忽必烈连吃几碗翻身上马率军迎敌，结果旗开得胜。在筹办庆功酒宴时，忽必烈特别点了那道羊肉片。厨师选了绵羊嫩肉，切成薄片，再配上各种佐料，将帅们吃后赞不绝口。厨师忙迎上前说："此菜尚无名称，请帅爷赐名。"忽必烈笑答："我看就叫'涮羊肉'吧！"从此"涮羊肉"就成了宫廷佳肴。据说直到清代光绪年间，北京"东来顺"羊肉馆的老掌柜买通了太监，从宫中偷出了"涮羊肉"的佐料配方，"涮羊肉"才得以在都市名菜馆中出售。《旧都百话》云："羊肉锅子，为岁寒时最普通之美味，须与羊肉馆食之。此等吃法，乃北方游牧遗风加以研究进化，而成为特别风味。"

1854年，北京前门外正阳楼开业，这是汉民馆出售涮羊肉的首创者。其切出的肉，"片薄如纸，无一不完整"，使这一美味更加驰名。1914年，北京东来顺羊肉馆重金礼聘正阳楼的切肉师傅，专营涮羊肉。历经数十年，从羊肉的选择到切肉的技术，从调味品的配制到火锅的改良，东来顺都进行了研究和改进，因而名噪京城，赢得了"涮肉何处好，东来顺最佳"的美誉。

（二）用料与烹调

【原料】羊肉片750克，白菜头250克，水发粉丝250克，糖蒜100克，芝麻酱100克，黄酒50克，腐乳1块，腌韭菜花50克，酱油50克，辣椒油50克，卤虾油50克，香菜末50克，葱花50克，虾米、口蘑适量。

【制法】1. 选取"上脑"、"小三岔"、"大三岔"、"磨档"、"黄瓜条"等5个部位的羊肉，剔除板筋、肉枣、骨底等，放在零下5摄氏度的冰箱冷冻12小时冻硬。

2. 将冻好的肉按部位分别横放在砧板上，盖上白布，右边露出宽1厘米的肉块。切片时，左手五指并拢向前放平，手掌紧压肉块和盖布，防止肉块滑动。右手持刀，紧贴左手拇指关节处来回锯切。当每刀切到肉厚度的一半时，将以切下的上半片用刀刃一拨，把肉片折下（每片长20厘米、宽5厘米），再继续切到底，使每片肉都成对折的两层（也可切成卷如刨花形的肉片）。将不同部位的肉片分别码在盘中。

3. 将各种调料分别盛在小碗中，端上席面，由食客任意调配。羊肉上桌，火锅生火，放入开水、虾米、口蘑汤，烧沸后即可涮食。羊肉涮烫时夹少量肉片入锅抖散，烫至变成灰白色时，出锅蘸调料食用。随涮随吃，不可一次放太多。肉片涮食完后，再将其他配料逐一下锅烫食。

（三）菜品特点

选料精致，调料多样，羊肉涮熟后蘸食各种调味，鲜嫩醇香。

（四）营养标签（以100克为例）

菜肴主料	蛋白质/克	脂肪/克	糖类/克	热量/千卡	钙/毫克	磷/毫克	铁/毫克
羊肉	19	14.1	0.2	203	6	146	2.3

（五）思考与练习

1. 简述涮羊肉的历史典故。

2．冻羊肉切片有何质量要求？

3．涮羊肉片时有何要求？

二、北 京 烤 鸭

（一）文化赏析

相传，烤鸭（见彩图 11）之美，是源于名贵品种的北京鸭，它是当今世界最优质的一种肉食鸭。据说，这一特种纯北京鸭的饲养，约起源于一千年前左右，是因辽金元之历代帝王游猎，偶获此纯白野鸭种，后为游猎而养，一直延续下来，才得此优良纯种，并培育成今之名贵的肉食鸭种。即用填喂方法育肥的一种白鸭，故名"填鸭"。不仅如此，北京鸭曾在百年以前传至欧美，经繁育一鸣惊人。因而，作为优质品种的北京鸭，成为世界名贵鸭种来源已久。

明初年间，老百姓爱吃南京板鸭，皇帝也爱吃，据说明太祖朱元璋就"日食烤鸭一只"。宫廷里的御厨们就想方设法研制鸭馔的新吃法来讨好万岁爷，于是也就研制出了"叉烧烤鸭"和"焖炉烤鸭"这两种。"叉烧烤鸭"以"全聚德"为代表，而"焖炉烤鸭"则以"便宜坊"最著名。金陵烤鸭是选用肥大的草鸭为原料，净重要求在 2.5 千克左右。

据说，随着朱棣篡位迁都北京后，也顺便带走了不少南京宫廷里烤鸭的高手。在嘉靖年间，烤鸭就从宫廷传到了民间，老"便宜坊"烤鸭店就在菜市口米市胡同挂牌开业，这也是北京第一家烤鸭店。而当时的名称则叫"金陵片皮鸭"，就在老"便宜坊"的市幌上还特别标有一行小字"金陵烤鸭"。

在 1864 年，京城名气最大的"全聚德"烤鸭店也挂牌开业，烤鸭技术又发展到了"挂炉"时代。它是用果木明火烤制，并具有特殊的清香味道，不仅使烤鸭香飘万里而且还使得"北京烤鸭"取代了"南京烤鸭"，而"金陵片皮鸭"只能在香港、澳门、深圳、广州等南方几个大城市的菜单上才能见到。

（二）用料与烹调

【原料】净填鸭 1 只（约 2 千克），饴糖水 35 克，甜面酱、葱白段、蒜泥、荷叶饼等适量。

【制法】 1．鸭坯处理。光鸭治净后要经过打气、掏膛、洗膛、挂钩、烫皮、打糖、晾皮等多道工序处理。首先要向鸭体皮下脂肪与结缔组织之间充入气体约八成满，使鸭体膨胀，再掏膛，取净内脏、气管、食管，将高粱秆做成的鸭撑放进鸭膛，将鸭膛撑起，并用清水冲洗鸭膛，将鸭子挂在铁钩上。随后用开水烫洗鸭皮，使其绷紧，油亮光滑。然后打糖色，在鸭身上均匀地浇淋饴糖水，使鸭皮呈浅枣红色，接着将鸭子挂在阴凉通风处吹干。

2．烤制。通常用挂炉烤。在烤鸭入炉之前，先在肛门处塞入一节长 8 厘米的高粱秆塞严肛门（有节处塞入肛门里边），并从刀口处灌入八成满的开水。鸭子进炉后，先烤鸭的右背侧（即有刀口的一侧），使热气从刀口处进入鸭膛，把水烧沸，6 ～ 7 分钟后转向左背侧烤 3 ～ 4 分钟，再烤右体侧 3 ～ 4 分钟，并燎左档 30 秒；烤左体侧 3 ～ 4 分钟，燎右档 30 秒；鸭背烤 4 ～ 5 分钟。按上述顺序循环地烤，直到鸭身呈红色成熟为止。

3. 片鸭方法。烤鸭出炉后，倒出膛内开水，再行片鸭。片鸭的方法有两种，一种是皮肉不分，片片带皮，片成条形或片形；一种是皮肉分开，先片皮，后片肉。以前者为主。操作时带上一次性手套，左手扶着鸭腿骨尖或鸭颈，右手持片鸭刀，拇指压在刀的侧面，片进鸭肉后，拇指按住鸭皮，把鸭肉片掀下。片鸭的顺序是：先割下鸭头，鸭脯朝上，从胸脯前（胸突起的前端）向颈根部斜片一刀，再从右胸侧片三四刀，左胸侧片三四刀，切开锁骨向前掀起。然后沿着胸骨两侧各划一刀，使脯肉和胸骨分开，再从右胸侧片起，片完翅膀肉后，将翅膀骨拉起来，向里别在鸭颈上。片完鸭腿肉后，将腿骨拉起来，别在腋窝中，再片到鸭臀部为止。右边片完后再片左边。1只2千克的烤鸭，可片出90片肉，再大者可片出108片肉。最后将鸭嘴壳刹掉，把鸭头从中间竖切一刀成两半，再将鸭尾尖片下，将附在鸭胸上的左右两条里脊肉撕下，一起放入大盘中，跟荷叶饼、甜面酱、葱白段、蒜泥一起上席。

（三）菜品特点

烤鸭色泽红润，皮脆肉嫩，腴美醇香。烤鸭肉最宜蘸上甜面酱和着葱白丝，卷入荷叶饼或夹在空心芝麻烧饼里吃。还可根据食者爱好，配上黄瓜条和萝卜条，以清口解腻。

（四）营养标签（以100克为例）

菜肴主料	蛋白质/克	脂肪/克	糖类/克	热量/千卡	钙/毫克	磷/毫克	铁/毫克
鸭肉	16.6	38.4	6	436	35	175	2.4

（五）思考与练习

1. 鸭坯为何要充气？充多少为宜？
2. 鸭坯为何要用开水烫皮？操作上有何技巧？
3. 鸭坯淋浇饴糖水的作用是什么？为何要浇两次？
4. 鸭坯腹腔中为何要灌入开水？怎样防止漏水？
5. 如何掌握烤鸭的温度和时间？
6. 如何掌握烤鸭的操作手法和各部位烤制的顺序？

三、甲第魁元

（一）文化赏析

甲第魁元，又名"炖甲鱼"，是山西传统筵席中的高档菜肴和地方风味珍肴。山西昔日河滢水秀，盛产甲鱼，以甲鱼为主料的菜肴就有炖甲鱼、凤翅长寿鱼、红炖甲鱼等数十种，在洪洞还有著名的"甲鱼筵"，其中最具代表的要数甲第魁元。此菜与大学士吴琠相关。吴琠，山西沁州人，康熙三十七年，官拜保和殿大学士兼刑部尚书。据《名食掌故》记载，此年吴琠回乡祭祖，一路上不忘考察民情，走到漳源村时，人困马乏，头昏眼花，与随从住进一家舍馆。百姓闻讯，纷纷拿出自家好吃的看望这位国家功臣。其中有位青年提着一只老鳖，说："这是我刚从漳河捉到的，送给阁老补补身子吧"。店厨将甲鱼做成五花汤，吴碘询问菜名，店厨说："您老才华甲第，功名魁元，就叫甲第魁元吧"。吴碘食后，神清目明，大加赞赏，并将其制法带到典膳司，成为满汉全席之"廷臣宴"的御菜菜式（《中国历代御膳大观》）。而甲第魁元这道菜，在当地民间 300 年来代代相传，成为人们待客贺喜的主要菜式。民国年间，太原的全晋号、新美园、正大饭店等都有此菜销售。

（二）用料与烹调

【原料】甲鱼 650 克，光仔母鸡 750 克，黄芪 20 克，胡萝卜 75 克，黄酒 50 克，葱段 5 克，味精 1 克，姜片 5 克，精盐 3 克，精炼油适量。

【制法】1．将甲鱼放入盐水桶内（水量是甲鱼的 5 倍以上）养一天，使其吐净腹中杂物。光仔母鸡斩成块，放入沸水中烫一下，捞出洗去浮沫。胡萝卜切成滚刀块，焯水待用。

2．将甲鱼宰杀，从腹中开口，去掉内脏，用沸水稍烫，刮去黑衣，揭开背部的硬壳，清洗干净。

3．砂锅置火上，放入甲鱼，甲鱼腹内放入黄芪、葱段、姜片，加入清水、鸡块、黄酒，大火烧沸后，转小火炖 1 个小时，去掉葱段、姜片，放上甲鱼硬壳，放入胡萝卜，加入精盐、味精，再加热 10 分钟，离火，砂锅放在垫盘上，一起上桌即成。

（三）菜品特点

清鲜鲜醇，滋补元气，味道鲜美。

（四）营养标签（以100克为例）

菜肴主料	蛋白质/克	脂肪/克	糖类/克	热量/千卡	钙/毫克	磷/毫克	铁/毫克
甲鱼	17.8	4.3	2.1	118	70	114	2.8

（五）思考与练习

1．甲鱼太小为何滋补性较差？

2．甲鱼初加工时应注意哪些方面？

3．对甲第魁元历史进行简化叙述。

四、糖醋黄河鲤

（一）文化赏析

糖醋鲤鱼（见彩图 12）是鲁菜名馔。山东济南地处黄河南岸，盛产著名的黄河鲤鱼，用它烹制的糖醋鲤鱼极有特色：造型为鱼头鱼尾高翘，显跳跃之势，这是寓"鲤鱼跃龙门"之意。且糖醋汁酸甜可口，十分开胃。其他鱼馔还有"红烧鲤鱼"、"瓦块鱼"及"棒子鱼"等，皆取黄河岸边洛口镇的鲜鱼，并选用黄河水制的三伏老醋，再将鲜活黄河鲤鱼烹烧。食鱼馔到济南"汇泉楼饭庄"，可当场捞鱼，当面将鱼摔死，立即烹制，所以其味鲜美无比，黄河鲤鱼鲜美肥嫩，营养极为丰富，故有"黄河之鲤，肥美甲天下"之美名。《食疗本草》称："将鲤鱼煮汤食，最有补益而利水。"至今黄河两岸广大地区，宴席必以鲤鱼为珍肴，足见其名贵。

我国最早饲养鲤鱼的人，传说是帮助越王勾践打败吴王的范蠡。勾践打败吴王之后，范蠡大夫谢绝了越王重用他的好意，不愿当权臣辅宰，却要过平民生活。他携西施泛舟五湖，离吴之后到了齐国。因他善于经营，又得齐威王重礼相聘，从事养鱼业。他认为："养鲤鱼者，鲤不相食，易长，又贵也。"可见关于"黄河鲤鱼"的由来，范蠡贡献很大。有趣的是，早在春秋时代，孔子生了儿子后，鲁昭公以鲤相送，表示祝贺。孔子还给儿子取名"孔鲤"。那时山东的鲤鱼不仅是美味佳肴，而且还被人们认为是一种吉祥的象征。这种观念是从更早的《诗经》时代继承下来，有诗"岂共食鱼，必河之鲤"为证。

（二）用料与烹调

【原料】鲜活黄河鱼 750 克，醋 100 克，白糖 200 克，葱花 2 克，姜末 1 克，蒜泥 2 克，酱油 10 克，精盐 3 克，湿淀粉 150 克，鲜汤 300 克，精炼油适量。

【制法】1. 将鱼去鳞、腮、肠脏，洗净；在鱼身两面厚部位每隔 2.5 厘米距离，先剞 1.5 厘米深、再斜剞 2 厘米；提起鱼尾使刀口张开，将精盐均匀地抹入刀口内稍腌，再在鱼的周身及刀口处均匀地涂上一层淀粉糊备用。

2. 炒锅置火上，倒入精炼油，在旺火上烧至 170 摄氏度时，手提鱼尾放入锅内，两面摆动一下，让花刀张开，然后将鱼腹向上，用锅铲将鱼推向锅内，使鱼身弯成弓形，炸 2 分钟，翻过来使鱼腹朝下再炸 2 分钟，待鱼全部呈金黄色时，捞出稍晾，再入油复炸一次，至外壳酥脆时捞出，头尾上翘摆在鱼盘内。

3. 炒锅复置火上，放入热油 100 克，放入葱、姜、蒜炸香，用小漏勺捞出，再加鲜汤、白糖、米醋、酱油，用湿淀粉勾芡制成糖醋汁，用手勺舀出，迅速浇在盘内鱼身上即成。

（三）菜品特点

造型美观，刀纹清晰，"吱吱"作响，香气四溢。

（四）营养标签（以100克为例）

菜肴主料	蛋白质/克	脂肪/克	糖类/克	热量/千卡	钙/毫克	磷/毫克	铁/毫克
鲤鱼	17.6	4.1	0.5	109	50	204	1

（五）思考与练习

1. 鲤鱼为何要在油锅中复炸？

2．如何保证鲤鱼装盘时头尾上翘？

3．查阅资料细述以鲤鱼成菜的相关历史记载。

五、宫门献鱼

（一）文化赏析

传说，"宫门献鱼"（见彩图13）这道菜名是当年康熙皇帝所赐。1670年，康熙皇帝南巡暗访民情。有一天，他一口气走了很多地方，中午，他感到很累，便来到一个山脚下的小酒店，就推门进去了。小酒店的主人连忙迎上前说，"客官，想用点什么？""请拿条鱼和一些酒来。"康熙皇帝说。不一会儿工夫，店小二便端上了鱼和酒，康熙皇帝便自斟自饮起来，好不痛快。康熙皇帝是个美食家，一向对菜名颇感兴趣。他边吃边问店小二："请问这菜叫何名？味道这么好！"店小二见有人夸他的菜味道好，高兴得合不上嘴。"腹花鱼"店小二连忙答道。"为何唤作腹花鱼？"康熙问道。"这是因为此鱼生在池中，喜吃池中的鲜花嫩草，且它的腹部长着好看的花纹，所以人们就叫它腹花鱼。""这菜名倒也挺好听的，就是俗了些。我给它取个菜名如何？"康熙皇帝问道。"那太好了，请吧！"店小二忙答道。店小二拿出了笔、墨、纸、砚，康熙皇帝大笔一挥，写下"宫门献鱼"四个大字，最后又写了"玄烨"二字。店小二虽然很感激那位自告奋勇为他的菜取名的人，但他却目不识丁，根本不知字中的奥秘，便随手将那张字画放在一边。康熙走后，又过了许多天，此时店中顾客稀少，店小二得以休息一会儿。这时，他的一位朋友来店，发现了那张字画，说字写得很好看，应将它挂在门上。店小二便将那字画挂在门上了。过了不久，浙江总督路过此地，一见门上挂的字便大吃一惊。他大步进了门，找来店小二问明原委。店小二将事情的来龙去脉一一向总督说明。总督听罢惊喜道："这字果真是当今圣上所写！实在太好了！"店小二一听说前些时"到此一游"的是当今皇帝，又惊又喜，不知如何是好，忙跪在四个大字面前谢恩。康熙皇帝为小店题字的消息轰动了乡里，前来光顾这个小店的顾客络绎不绝。从此，小店整日忙得不可开交，生意兴隆得很。

（二）用料与烹调

【原料】活鳜鱼1.5千克，鸡脯肉200克，青豆30克，火腿蓉25克，鲜汤150克，蛋清50克，肥肉丁50克，豆瓣酱40克，黄酒30克，精盐5克，白糖15克，葱段15克，湿淀粉30克，姜末10克，精炼油适量。

【制法】1．鳜鱼去鳞、内脏，洗净，将鳜鱼头、尾稍带肉取下，鱼中断去骨，去鱼皮，切成长方片，用黄酒、姜末、盐略腌；鸡脯肉蓉中加入蛋清、黄酒、盐等，调好味，抹在鱼片上，再用青豆镶在上面做门丁，火腿蓉点缀成门环，上笼蒸5分钟取出。

2．鱼头、尾用油炸透，炒锅加底油，放入肥肉丁、葱、姜、豆瓣酱炒透，放入黄酒、白糖、精盐、清水，放入炸好的鱼头、鱼尾，烧10分钟，取出装在鱼盘两头；鱼片码在中间；鱼汁旺火收浓浇在鱼头、鱼尾上；鲜汤调好味烧开，淋入淀粉浇在鱼片上即可。

（三）菜品特点

鱼肉细嫩，咸辣微甜，芡汁红亮，鲜嫩味香。

（四）营养标签（以100克为例）

菜肴主料	蛋白质/克	脂肪/克	糖类/克	热量/千卡	钙/毫克	磷/毫克	铁/毫克
鳜鱼	19.9	4.2	0.5	117	63	217	1

（五）思考与练习

1．鳜鱼在什么季节最为肥美？
2．简述宫门献鱼历史典故。

六、诗礼银杏

（一）文化赏析

在鲁菜中，用白果做的"诗礼银杏"（彩图14）是孔府传统名菜之一。此菜清香甜美，柔韧筋道，可解酒止咳，是孔府宴中独具特色的菜。成菜色如琥珀，清新淡鲜，酥烂甘馥，十分宜人，是孔府中的名肴珍品。

相传，孔子教子孔鲤学诗礼曰："不学诗，无以言，不学礼，无以立。"嗣后传为美谈。其后裔自称为"诗礼世家"。五十三代"衍圣公"孔治建"诗礼堂"，堂前有两株银杏，种子硕大丰满。以后孔府请客，总要用此银杏的种子做一道甜菜，用以缅怀孔老夫子的教导，便美其名曰"诗礼银杏"。

（二）用料与烹调

【原料】银杏500克，白糖200克，蜂蜜50克，糖桂花卤3克，精炼油适量。
【制法】1．炒锅置火上，加入精炼油烧至六成热时，银杏入油炸至起皮，捞出焯水，去净红皮，挑去果心。
　　　　2．炒锅复置火上，放入10克白糖，小火慢炒至黄，加入开水和银杏仁、用剩的白糖、蜂蜜。大火烧开，转小火焖至汁浓，淋入桂花卤和少许精炼油，翻匀出锅装盘。

（三）菜品特点

银杏色泽诱人，舀食入口，软糯柔韧，香甜可口。

（四）营养标签（以100克为例）

菜肴主料	蛋白质/克	脂肪/克	糖类/克	热量/千卡	钙/毫克	磷/毫克	铁/毫克
银杏	13.2	1.3	72.6	355	54	23	0.2

（五）思考与练习

1．银杏为何要去心去皮？

2．为何要取少量白糖先炒一下？

3．查阅资料、简述以银杏成菜最早历史记载。

七、全　家　福

（一）文化赏析

东北特色风味名菜中有道"全家福"。它的用料十分齐全，天上飞的，地下走的，水里游的，在这道菜中都有用到。下面介绍一下这道大菜的来历。

秦始皇一统天下后，为了统治稳固，发起了"焚书坑儒"，想除去心腹之患。有个儒生正好不在家，算是捡了一条性命。眼看就要到中秋节了，他的爹娘想儿子想得吃不下饭睡不好觉，以前三口之家总是在这一天吃团圆饭的，如今二老怎能不伤感万分？主人无心操办，厨子也就马虎从事。家里把仅剩的两个海参泡上了，又杀了一只鸡，还在大门口买了一斤猪肉，胡乱烧在一起给主人端了过去。老两口哪有心思细品滋味，勉强吃了几口就放下筷子。谁知突然从门口进来一个后生，正是独生儿子回来了，这可把两位老人家高兴坏了。厨子见买菜来不及了，急忙把剩下的一个海参和鸡脯、猪肉条儿精心烹制，三炒两煎添加好多样调料，满满地烩成一大碗。主人一家三口高高兴兴地美餐了一顿，越吃越觉得此菜有味儿。儒生平素好咬文嚼字，便问厨师此菜何名。厨子为讨主人欢喜，脱口而出："全家福"。次日，亲朋好友都来祝贺，客人们都品尝了这道鲜美的菜肴，从此"全家福"的美名传开了。

另有乾隆下江南时赐名"全家福"一说。有一次乾隆皇帝来到了南京，两江总督准备盛宴为皇上接风洗尘。他遍召江南名厨，事先演练一番，尽搜江南珍奇之物，总以为此餐必会得邀圣宠。谁知乾隆皇帝坐在满桌的山珍海味及珍馐美馔前，眉头反倒紧锁起来，一直不肯动筷子。这一下子总督着了急，他知道皇上非常不满他这全无特色风味可言的一桌大菜。到底是精明世故之人，他立时退回厨房，另行安排。一是时间紧迫，二是重做已来不及，便请最有经验的家厨相商。这位名厨是临危受重托，却是异常的冷静沉着。只见他从原来准备好的菜肴中用心挑拣出火腿、海参、鸡脯、鱼片、玉兰片、干贝、冬笋、虾米、海米等十多种，经过仔细调味、配菜、添汁、烹炒、淋芡、滴油……不大会儿功夫，便从锅里盛出满当当、香喷喷、热腾腾的一盘大杂烩，立时端送皇上面前。也许是时辰早过，乾隆肚里已经空虚，也许是总督家厨真的是手艺绝伦，只见皇上品尝之后，便眉开眼笑，吃得有滋有味。用完餐后，乾隆传厨师上来听话。那位家厨尚不知深浅，唯有诚惶诚恐，跪在皇上面前不敢抬头。过了老半天，皇上竟叫厨师站立起来，问道："此菜口味别致，朕甚满意。但不知有何名称？"厨师回答："奴才不敢狂言犯上。这菜并无花样，只是奴才想到皇上洪福齐天，选用材料自当一应俱全，论说菜名该称全……"乾隆见厨师太过于紧张，连话也说不连惯，便想替他解围，脱口而出："就叫'全家福'吧，你看如何？"厨师惟惟称是，再三叩谢皇恩浩荡。总督一应人等均称："妙，妙，妙！"乾隆皇帝高兴之下，让人重赏了厨师。从此，"全家福"成为了江南名菜。另外，天津的"李鸿章杂烩"也属同一菜品，荆楚名菜中亦有"全家福"，并有"戴帽"与"不戴帽"两种制作方法。

（二）用料与烹调

【原料】鸡脯肉200克，草鱼肉200克，冬笋25克，菠菜心3棵，鸡蛋黄2个，鸡蛋清3个，精盐5克，味精2克，鲜汤200克，湿淀粉100克，姜末1克，黄酒10克，葱油25克。

【制法】1．先将鸡脯肉、鱼肉洗净，剔去脂皮，分别切碎用刀排剁成细蓉，再合起来剁匀，放入碗内，加入鸡蛋清、精盐、味精、湿淀粉、姜末、黄酒，搅拌均匀，分装在两个碗内。一碗中加蛋黄搅匀呈鲜黄色，一碗仍为白色。

2．冬笋切成梳子片，菠菜心用开水焯熟。

3．炒锅置火上，放入清水2千克，烧至150摄氏度时，分别取白、黄两种颜色的鸡鱼肉蓉挤成直径为2厘米的丸子下入锅中，小火微煮沸后撇去浮沫，熟透捞出，整齐地摆入盘内，上下呈两种颜色。

4．炒锅复置火上，放入鲜汤、精盐、味精、黄酒、冬笋、菠菜心，烧沸后用湿淀粉勾芡，淋入葱油，起锅浇在双色鸡鱼丸上即成。

（三）菜品特点

造型美观，黄、白两色分明，肉丸软嫩光滑，味道鲜美。

（四）营养标签（以100克为例）

菜肴主料	蛋白质／克	脂肪／克	糖类／克	热量／千卡	钙／毫克	磷／毫克	铁／毫克
鸡脯肉	19.4	5	2.5	133	3	214	0.6

（五）思考与练习

1．制作鸡鱼蓉时有哪些要领？

2．如何把握鸡鱼丸的老嫩度？

3．淮扬菜集聚区中有一道名为"烧杂炖"，对于其历史典故进行查阅。

单元三

淮扬菜集聚区名菜赏析

单元目标

★ 通过学习对淮扬集聚区名菜特点有所了解。

★ 掌握淮扬集聚区代表名菜制作方法、名菜特点及饮食文化相关内容。

★ 熟知代表名菜的历史文化及典故来源，掌握每道菜肴的制作方法与成菜关键。

单元介绍

　　本单元介绍淮扬菜集聚区代表名菜，从名菜概述、文化赏析、用料与烹调、菜品特点、营养标签与思考练习六个方面着手，恰到好处的将代表名菜的历史文化、烹饪工艺与营养成分三大主要模块进行有机统一，从而有效的将学生从单一技能型向综合素质型转变。

3.1 淮扬菜集聚区名菜概述

淮扬菜集聚区名菜是以江苏、浙江、上海、安徽为主的餐饮区名菜集聚。重点建设淮扬风味菜、上海本帮菜、浙菜、徽菜创新基地，建设中餐工业化生产基地。它们各具特点。

浙江菜又称为浙菜，由杭州、宁波、绍兴和温州四个地方流派菜系组成。杭州自南宋以来是东南经济文化的重镇，烹饪技艺前后一脉相承，制作精细、清鲜爽脆、淡雅细腻是浙菜的主流。宁波、绍兴濒临东海，兼有渔盐平原之利，菜肴以"鲜咸合一"的独特滋味较多，菜品实在，色彩和味道浓厚，宁波菜选料以海鲜居多，绍兴菜选料以河鲜、家禽较多，富有浓厚的乡村特色，用绍兴酒糟制作的糟菜、豆腐菜充满田园气息。温州素以"东瓯名镇"著称，以海鲜原料为主，口味清鲜，淡而不薄。浙江菜风味特色是：选料讲究细、特、鲜、嫩，烹调擅长炒、炸、烩、熘、蒸、烧；口味注重清鲜脆嫩，保持主料的本位；造型讲究精巧细腻、清秀雅丽。代表菜肴有东坡肉、宋嫂鱼羹、龙井虾仁、油焖春笋、八宝豆汤、雪菜大汤黄鱼、炸响铃、干菜扣肉、白鲞扣鸡、蒜子鱼皮、马铃黄鱼等。

上海菜又称为沪菜，包括本地风味传统菜和吸收其他风味并经创新的海派菜两大组成部分。上海菜的发展与上海城市的变化密切相关。在17世纪前上海菜以本地风味为主，17世纪80年代后，随着上海的发展，人们从世界各国和全国各地蜂拥而至，他们给上海带来了丰富多彩的饮食文化。至19世纪40年代，上海汇集了京、津、粤、川、宁、扬、苏、锡、甬、杭、闽、徽、湘、豫、清真、素及上海本地菜近20种风味，以及英、法、俄、意、德等各式西菜、西点的特殊情形。许多餐馆利用本地资源，在原有菜肴的基础上制作出符合当地人们口味的菜肴，代表菜肴有烟鲳鱼、松仁玉米、扒乌参、扣三丝、炒蟹黄油、干烧鲫鱼等。上海菜的风味特色是：清新秀美，温文尔雅，风味多样，富有时代气息等。

安徽菜又称为徽菜，起源于歙县一带，与徽商的发展密不可分，可以说哪里有徽商，哪里就有徽菜馆。徽商的足迹几乎遍天下，使得徽菜广泛与各地风味交流。安徽菜有皖南、沿江、沿淮三个地方风味构成。皖南风味以徽州地方菜肴为代表，是徽菜的主流。沿江风味盛行于芜湖、安庆及巢湖地区，它以烹调河鲜、家禽见长。沿淮风味主要盛行于蚌埠、宿县、阜阳等地，质朴、酥脆、咸鲜、爽口。安徽菜的风味特色是：就地取材，选料严谨。就地取材充分发挥了盛产山珍野味禽畜的长处，选料立足于原料的新鲜活嫩；巧妙用火，功夫独特。一道菜肴有时需要几种不同的火候烹调，创造了多种巧妙控制火候的特殊技艺；擅长烧、炖，浓淡相宜。安徽菜烹调方法擅长烧、炖、熏、蒸，使安徽菜具有酥、嫩、香、鲜的特色。安徽菜历来讲究食补，以食养身，

江苏菜又称为苏菜，由淮扬、金陵、苏锡、徐海四个地方构成，其影响遍及长江中下游广大地区，再国内外享有盛誉。江苏风味菜肴的特点是：用料以水鲜为主，汇江、淮、

湖、海特产为一体，禽蛋蔬菜四季长供，刀工精细，注重火候，擅长炖、焖、煨、焐；追求本味，清鲜平和，咸甜醇正适中，适应面很广，菜品风格雅丽，形质兼美，酥嫩爽脆而益显其味。

江苏素称鱼米之乡，兼有海产之利，饮食资源十分丰富。著名的动物水产有太湖银鱼、长江鲥鱼、龙池鲫鱼、扬州青鱼、两淮鳝鱼、南通车螯和盐城泥螺等。植物水产则有太湖莼菜、淮安蒲菜、宝应莲藕和众多湖荡所产的鸡头米、茭白、水芹菜等。名特产还有湖熟鸭、扬州鹅、狼山鸡、泰兴猪、南京香肚、如皋火腿、靖江肉铺、界首茶干、海州铁雀和无锡油面筋等。四季常青的鲜蔬则有南京瓢儿菜、板桥萝卜、扬州梅岭菜心、仪征菜等，以及枸杞头、马兰头等，都为江苏风味菜肴提供了丰厚的物质基础。选料不拘一格，食料物尽其用，因料加工施艺，是江苏烹饪工艺的一大特色。猪头本属低档，经扬州厨师烹制成"扒烧整猪头"，滑黣流香，鸭胰原为弃物，经南京厨师调制成"美人肝"，身价增至原来的10倍。斑肝之类为常时所不取，经苏州厨师制成"肺汤"，顿成名士所咏之珍馔。江苏菜刀工精细，刀法多变，或细切粗斩，或先片后丝，或脱骨浑制，或雕镂剔透，都显示了刀艺的精湛超群。如南京的冷切拼盘、苏州的花刀造型和扬州的西瓜灯雕等，都是江苏菜刀工名品。江苏菜重视火候，讲究火工。江苏宜兴为中国之陶都，所产砂锅焖钵，为炖、焖、煨、焐提供了优质炊具，还有蒸、烤、熏、熬等烹调技法，均可见火功精妙。著名的"镇扬三头"（扒烧整猪头、清炖蟹粉狮子头、拆烩鲢鱼头）、"苏州三鸡"（常熟叫化鸡、西瓜童鸡、早红橘酪鸡）和"金陵三叉"（叉烤鸭、叉烤鱼、叉烤乳猪）等均堪称众多菜品的代表作。淮扬风味以扬州、两淮（淮安、淮阴）为中心，以大运河为主干，南起镇江，北至洪泽湖周近，东含里下河并及于沿海。这里水网交织，江河湖荡所出甚丰。菜肴以清淡见长，味和南北，概称为"淮扬菜"。

其中，扬州历史上曾经是我国南北交通枢纽、东南经济文化中心，饮食市场繁荣发达。"扬州三把刀"之一的厨刀著称于世，扬州肴馔素有"饮食华侈，制作精巧，市肆百品，夸视江表"之誉。名馔有将军过桥、醋熘鳜鱼、蛋梅鸡、三套鸭和大煮干丝等，均各具特色，而扬州瓜雕更是玲珑剔透。随着扬州厨师分布各方，扬州风味影响广泛。两淮的鳝鱼菜品达108种之多，其中炒软兜、炝虎尾、白煨脐门、炒蝴蝶片、大烧马鞍桥等各有活嫩、软嫩、松嫩、酥嫩等特点。镇江则以"三鱼"（鲥鱼、刀鱼、鮰鱼）菜肴驰名，名食水晶肴蹄更是独具一格、饮誉中外，南通多江海鲜品，蚌螯制作的天下第一鲜和以海蜇制作的虾仁珊瑚、炸玉皇以及鲜翅、鲜唇类等菜肴皆有口碑。此外，泰州的红烧大乌和盐城的藕粉圆子等，具有浓郁的地方特色。金陵风味，又称"京苏菜"，指以南京为中心的地方风味。南京菜兼取四方之美，适应八方之需，其中的烤鸭影响及京、川、粤，为素负盛誉的金陵鸭馔之一。其他还有盐水鸭、黄焖鸭、卤鸭肫肝乃至鸭血汤等，或用于华席盛宴，或布于街头巷尾。且南京板鸭常用于馈赠亲友。南京菜以滋味平和、纯真适口为特色，其名菜有炖菜核、炖生敲、扁大枯酥、清炖鸡、五子炖鸡等。清真菜也有独到之处，名店马祥兴的四大名菜（松鼠鱼、蛋烧麦、美人肝、凤尾虾）堪为代表。苏锡风味，以苏州、无锡为中心，含太湖、阳澄湖、滆湖周近的菜馔。苏锡一带烹饪技艺在春秋战国时期即已具相当造诣，鱼馔如"全鱼炙"、"鱼脍"等早见于文献。此后，市肆官厨、家庖寺斋无不力求精美。船菜、船点至今仍为中外宾客所向往。苏锡菜原重甜出头，成收口，浓油赤酱，近代逐渐趋向清新爽口，浓淡相宜。苏锡菜的名菜有松鼠鳜鱼、碧螺虾仁、雪花蟹斗、莼菜塘鱼片、梁溪脆鳝、脆皮银鱼、鸡蓉蛋、镜箱豆腐等，以及常熟叫花鸡、常州糟扣肉和昆山的虾仁拉丝蛋等，都是脍炙人口的美味佳肴。徐海风味，指自徐州沿东陇海线至连云港一带。徐州建城已达3000年，地处京沪、陇海铁路要冲，饮食市场颇为繁华，连云港为我国天然良港，所产海鲜甚多。徐海菜以咸鲜为主，五味兼具，风格淳朴，注重实惠，名菜别具一格，如徐州的霸王别姬、彭城鱼丸、沛公狗肉、羊方藏鱼和连云港的凤尾对虾、红烧沙光鱼、油爆乌花等，皆为人们所熟知。

3.2 淮扬菜集聚区代表名菜赏析

一、清炖蟹粉狮子头

（一）文化赏析

相传隋炀帝杨广，一次带着嫔妃、大臣，乘着龙舟和千艘船只，沿大运河南下来到扬州观看琼花，同时饱览了扬州地万松山、金钱墩、葵花岗等四大名景，非常高兴。回到行宫，唤来御厨，让他们以扬州四景为题，做出四道菜来，以纪念这次扬州之游。御厨们在扬州名厨地指导下，费尽心思，终于做出了松鼠桂鱼、金钱虾饼、象牙鸡条、葵花斩肉四道名菜。隋炀帝品尝后，龙颜大悦，特别对其中的葵花斩肉，非常赞赏，于是赐宴群臣，一时间淮扬佳肴，名遍朝野。

传至唐代，有一天，郇国公韦陟宴客，府中的名厨韦巨源也做了扬州的这四道名菜，并伴以山珍海味，水陆奇珍，令座中宾客无不叹为观止。当时是用那巨大地肉圆子做成的"葵花斩肉"，更是精美绝伦。因烹制成熟后的肉丸子表面的肥肉末已大多溶化或半溶化，而瘦肉末则相对显得凸起，乍一看，给人一种毛毛糙糙的感觉，有如雄师之头。宾客们乘机劝酒道："郇国公半身戎马，战功彪炳，应佩狮子帅印。"韦陟高兴地举杯一饮而尽，说："为纪念今日盛会，'葵花斩肉'不如改为'狮子头'。"从此，扬州狮子头一名，便流传至今。如今，民间把此菜的烹调技法、重要辅料也融入名中，叫清炖蟹粉狮子头（见彩图15）。

（二）用料与烹调

【原料】猪肋条肉（肥瘦比例1:1）500克，蟹黄30克，蟹肉30克，青菜心10棵，虾子1克，猪肉皮100克，猪子排150克，黄酒15克，精盐5克，葱花5克，姜末5克，干淀粉15克，鸡蛋清1个，青菜叶10张。

【制法】1. 将猪肉切成0.5厘米见方的小丁，放入盆内，加葱花、姜末、蟹肉、虾子、精盐、黄酒、鸡蛋清、干淀粉搅拌上劲。青菜心削成橄榄形，放入沸水锅中烫一下，捞出投入清水中浸凉。

2．将猪子排斩成长 3 厘米的段，猪肉皮切成边长 2 厘米的菱形块，一起放入沸水锅中烫一下，捞出洗净。

3．砂锅置火上，放入排骨、肉皮、黄酒、清水、精盐烧沸，将拌好的肉分成 10份，逐份放在手掌中，用双手来回翻动 4 或 5 下，掼成光滑的肉圆，逐个将蟹黄分嵌在每只肉圆上，放入砂锅中，上盖青菜叶，盖上锅盖，烧沸后移为锅焖约 2 小时，揭去菜叶，放入菜心，烧沸即成。

（三）菜品特点

猪肉肥嫩，蟹粉鲜香，菜心翠绿，排骨酥烂，肉皮滑爽，汤汁醇厚，须用调羹舀食。

（四）营养标签（以100克为例）

菜肴主料	蛋白质／克	脂肪／克	糖类／克	热量／千卡	钙／毫克	磷／毫克	铁／毫克
猪肉	13.2	37	2.4	395	6	162	1.6

（五）思考与练习

1．此菜为什么叫狮子头？

2．扬州狮子头一刀不斩，或细切粗斩，对它的风味特色起了什么作用？

3．狮子头成品软嫩的制作关键是什么？

二、扁 大 枯 酥

（一）文化赏析

江苏金陵风味传统名菜，已有百余年历史，以其扁、大、枯、酥而得名。扁者，谓其形；大者，谓其状；枯者，谓其色；酥者，谓其质也。枯酥而不焦苦，经煎、炸、浇汁等工序，烹制后成品颜色枯黄，香气扑鼻，外焦里嫩，酸甜适口，别具一格。

（二）用料与烹调

【原料】猪前夹肉 500 克，马蹄 150 克，鸡蛋 2 个，绿叶蔬菜 200 克，粳米粉 30 克，葱花 8 克，姜末 5 克，黄酒 10 克，精盐 4 克，酱油 10 克，白糖 10 克，味精 2 克，湿淀粉 20 克，鲜汤 250 克，香油 10 克，精炼油适量。

【制法】1．将猪前夹肉、马蹄分别斩成米粒大小，同放碗内，加入鸡蛋、粳米粉、葱花、姜末、精盐、黄酒、味精搅拌均匀，做成直径约 7 厘米的圆饼 10 块。

2．锅置旺火上，倒入精炼油烧至 170 摄氏度，将肉饼逐个放入，边炸边用铁勺压扁，呈淡黄色时用漏勺捞出，沥去油。锅内留少量油，烧至 150 摄氏度，放入肉饼，用铁勺不断翻动，煎至色金黄时将锅离火 3 分钟，再置旺火煎约 2 分钟，直至肉饼成深黄色，倒入漏勺沥去油，装入腰盘中。

3．在炸肉饼的同时，炒锅上火烧热，舀入精炼油，放入绿叶蔬菜，加精盐、味精，炒至翠绿色起锅，装入腰盘两端。

4．锅复置火上，倒入鲜汤，加酱油、白糖烧沸，用湿淀粉勾芡，再淋入香油，起锅浇在肉饼上即成。

（三）菜品特点

色呈焦黄，香气扑鼻，外酥香、里鲜嫩。

（四）营养标签（以100克为例）

菜肴主料	蛋白质/克	脂肪/克	糖类/克	热量/千卡	钙/毫克	磷/毫克	铁/毫克
猪肉	13.2	37	2.4	395	6	162	1.6

（五）思考与练习

1．用蛋黄和精米粉掺入肉饼中有何作用？
2．要体现扁大的特点，在烹调中应掌握哪些关键？
3．怎样使肉饼煎酥而不焦枯？
4．查阅历史书籍找出关于扁大枯酥的历史记载。

三、沛公狗肉

（一）文化赏析

沛公，即汉高祖刘邦。而所谓沛公狗肉（见彩图16），因刘邦喜食此物而得名，其实创制者为樊哙，并非刘邦。据《史记》和《汉书》的有关记载，刘邦早年曾任秦朝的泗水亭长，秦二世元年（公元前209年）陈胜起义，刘邦在沛县号召百姓杀死县令，起兵响应，被萧何、曹参等人推举，立为沛公，与项梁、项羽合作成为起义军的反秦主力。推翻秦朝后，刘、项之间产生分歧，爆发了刘、项之间长达5年的楚汉战争，最终刘邦战胜项羽，建立了大汉王朝。

说到沛公狗肉，传说刘邦在老家沛县当亭长时，沛县青年樊哙以屠狗和卖狗肉为生，刘邦特别爱吃他做的狗肉，但却依仗权势，从不付钱。一天，樊哙为躲避刘邦，到湖东的夏镇去卖狗肉，刘邦得知后，也要赶到夏镇去吃。但遇河受阻，正在为难时，河面上忽然游来一只巨鼋，刘邦就骑在巨鼋身上过了河，找到樊哙后抓起狗肉就吃，同时引来一帮哥们，把樊哙带来的狗肉全吃光了，然后大家一起乘坐巨鼋归去。樊哙敢怒而不敢言，一气之下就把那巨鼋宰了，和狗肉一块儿煮起来。不料这样煮出来的狗肉，比原来的狗肉好吃多了，味道格外鲜美。但刘邦得知樊哙宰杀了巨鼋后，非常不满，就借故将樊哙卖狗肉使用的刀具全部没收，樊哙只好用手撕着狗肉卖，故有"沛县狗肉不用刀"的说法，一直流传至今。

后来刘邦起兵反秦，被立为沛公，樊哙也参加了起义军，在征战中，他那一锅巨鼋狗肉汤并未抛弃，时常用此汤煨制狗肉献给刘邦，"沛公狗肉"由此得名。刘邦称帝后，樊哙被封为舞阳侯，与刘邦妻妹结婚，二人成为连襟。

公元前 195 年，淮南王英布造反，刘邦御驾亲征，胜利班师返回途中，以沛公狗肉宴请父老乡亲，饮至酒酣，高祖仗剑起舞，高唱《大风歌》："大风起兮云飞扬，威加海内兮归故乡，安得猛士兮守四方。"自此沛公狗肉又得名"大风狗肉"。

元朝大德年间，由樊哙后人樊信重拾旧业，在沛县和徐州开设了多家"樊哙狗肉馆"，生意十分兴隆。当时著名书法家鲜于枢路经徐州，夜闻奇香，晨起寻之，正值樊信煮的狗肉出锅，品尝后大加赞赏，挥毫写下"夜来香"三字相赠。樊信将其制成匾额，并配上祖传的一副对联："地羊入馔沛公留，误食鼋肉异香出"从此沛公狗肉又多了一个名字，叫"樊哙狗肉"。

（二）用料与烹调

【原料】狗肉 1.25 千克，甲鱼 1 只（约 650 克），黄酒 50 克，精盐 5 克，酱油 10 克，白糖 10 克，味精 2 克，葱段 10 克，姜片 7 克，八角 1 个，花椒 10 粒。

【制法】1．将狗肉洗净，切成 3 厘米见方的块，放入盆中，加入精盐、黄酒、姜片、葱段，拌匀后腌 2 小时，用清水浸泡 1 小时，入沸水锅中焯水后再洗净。

2．砂锅置火上，垫上竹箅，将狗肉放入，加清水（淹没狗肉）、黄酒、酱油、精盐、白糖、葱段、姜片、八角、花椒，烧沸后撇去浮沫，盖上盖，转中小火焖至狗肉七成烂。

3．将甲鱼宰杀去血，放入沸水锅中浸烫至可将背壳取下时刮去黑衣，去壳及内脏，洗净后切成 3 厘米见方的块，再放入沸水锅中焯水，洗净，放入砂锅中。把甲鱼蛋煮熟，围在甲鱼的四周，甲鱼壳盖在肉上，盖上锅盖，同狗肉一起焖至酥烂，拣去葱、姜、八角、花椒，加入味精即成。

（三）菜品特点

采用砂锅炖制而成，保持原汁原味，肉香酥烂，甲鱼软嫩，味道鲜香。

（四）营养标签（以100克为例）

菜肴主料	蛋白质 / 克	脂肪 / 克	糖类 / 克	热量 / 千卡	钙 / 毫克	磷 / 毫克	铁 / 毫克
狗肉	16.8	4.6	1.2	116	52	107	2.9

（五）思考与练习

1．熟悉和了解此菜的典故。

2．狗肉初加工时为何要浸泡？

3．选择狗肉应注意哪些方面？

四、叫花鸡

（一）文化赏析

"叫花鸡"（见彩图 17）原出于江苏常热，是一些穷苦难民（或叫要饭的）偷来鸡后，用泥巴把鸡包起来，架火烧泥巴，泥烧热了鸡也就熟了，这原是一道登不了大雅之堂的菜。

传说，当年乾隆皇帝微服出巡江南，不小心流落荒野，有一个叫花子看他可怜，便把自己认为美食的"叫花鸡"送给他吃，乾隆困饿交加，自然觉得这鸡异常好吃。吃毕，便问其名，叫花子不好意思说这鸡叫"叫花鸡"，就胡吹这鸡叫"富贵鸡"，乾隆对这鸡赞不绝口。

叫花子事后才知道这个流浪汉就是当今皇上，这"叫花鸡"也因为皇上的金口一开成了"富贵鸡"流行至今，也成了一道登上大雅之堂的名菜。

（二）用料与烹调

【原料】 去毛嫩母鸡1只（约1.2千克），鸡肫丁50克，熟火腿丁15克，香菇丁15克，瘦猪肉丁80克，虾仁50克，猪网油200克，精炼油适量，包装纸1张，鲜荷叶4张，玻璃纸1张，酒坛泥3千克，白糖10克，黄酒50克，精盐5克，酱油100克，玉果末1克，葱花10克，姜末10克，丁香2粒，八角1个，香油20克。

【制法】
1. 将鸡斩去爪，在左腋下开长约3厘米的小口，挖去内脏，抽出气管和食管，洗净血污，晾干水。用刀背敲断鸡翅骨、腿骨、颈骨（不能破皮），放入盆中，加酱油、黄酒、精盐腌1小时取出。将丁香、八角一起碾成末，加玉果末和匀，擦抹鸡身。

2. 锅置火上，倒入精炼油烧至五成热时，放入葱花、姜末煸炒，接着放入虾仁、香菇丁、猪肉丁、鸡肫丁、火腿丁翻炒，烹入黄酒，加酱油、白糖炒至卤汁快干时盛入碗中，即为馅料。待晾凉后，将馅料从鸡腋下刀口处填入鸡腹，将鸡头塞入刀口中，两腋各放1粒丁香夹住，用猪网油紧包鸡身，先用荷叶（1张）包裹，再用玻璃纸包，外面再包一层荷叶，用细麻绳扎成长圆形。

3. 将酒坛泥碾成粉，加清水拌和，平摊在湿布上，再将捆扎的鸡放在泥的中间，把湿布四角拎起紧包（使泥粘牢），然后揭去湿布，再用包装纸包裹。

4. 将泥裹鸡放入烤箱，用旺火烤40分钟，当泥干裂时，裂缝补泥，再用旺火烤30分钟后，再改用小火烤80分钟，最后用微火烤90分钟，取出敲掉泥，解去绳，揭去荷叶、玻璃纸，放入盘中，淋上香油即成。

（三）菜品特点

干香酥烂，原汁原味，鸡皮金黄肥润，肉质鲜香异常。

（四）营养标签（以100克为例）

菜肴主料	蛋白质/克	脂肪/克	糖类/克	热量/千卡	钙/毫克	磷/毫克	铁/毫克
鸡肉	19.3	9.4	1.3	167	9	156	1.4

（五）思考与练习

1. 叫花鸡的传说是什么？

2. 为什么用酒坛泥来包裹鸡？

3．阐述叫花鸡制作的过程。

五、苏 州 卤 鸭

（一）文化赏析

卤鸭（见彩图18）系苏州松鹤楼传统名菜。每年夏令上市，食者甚众。早在60余年前苏州《醇华馆饮食胖志》就有记载："每至夏令，松鹤楼有卤鸭，其时江村乳鸭未丰满，而鹅恰到好处，寻常菜馆多以鹅代鸭。松鹤楼则曾有宣言，谓苟能证明其一之肉为鹅而非鸭者，任客责如何，立应如何。"以此足见松鹤楼卤鸭选料之严谨，注意保证质量，故声誉卓著，驰名遐迩，久盛不衰。每至卤鸭上市，品尝者纷至沓来，门庭若市。

（二）用料与烹调

【原料】光新鸭1只（约1.5千克），黄酒20克，冰糖20克，精盐5克，酱油8克，八角2个，红曲米粉10克，姜片10克，桂皮1块，香油10克，湿淀粉5克。

【制法】1．将鸭去内脏，斩去爪子，放入沸水中烫一下洗净，放入有竹算垫底的锅中，加入清水，盖上锅盖，置旺火上烧沸，撇去浮沫。然后加红曲米粉、酱油、精盐、黄酒、冰糖、桂皮、八角、葱段、姜片，用大圆盘压住鸭身，盖上锅盖。用中火烧约1小时，将鸭上下翻动，再焖约1小时，取出，鸭腹朝上置大盘内晾凉。

2．将部分卤汁倒入锅内，置旺火上烧至黏稠，用湿淀粉勾芡，淋上香油，盛入碗中晾凉。

3．将卤鸭改刀装盘，拼摆成鸭的形状，浇上卤汁即成。

（三）菜品特点

色泽枣红，皮肥不腻，肉质鲜嫩，香酥入味，味道醇厚。

（四）营养标签（以100克为例）

菜肴主料	脂肪/克	糖类/克	热量/千卡	钙/毫克	磷/毫克	铁/毫克
鸭肉	19.7	0.2	240	6	122	2.2

（五）思考与练习

1．卤鸭的口味特点是什么？

2．卤鸭在哪个季节上市？

3．使用红曲米粉应注意哪些？

六、涟 水 鸡 糕

（一）文化赏析

鸡糕又叫"素鸡"，相传当年乾隆皇帝下江南路过涟水时，饥肠辘辘，竟问有无素鸡可吃。这鸡本来就属荤，天下哪来的素鸡？可偏偏涟水城有位姓姚的师傅绞尽脑汁，真的做出一盘晶莹透明，粉嫩如酥的"素鸡"，吃得乾隆皇帝一边赞不绝口，一边大谈其"与民同素"之好处。另外涟水鸡糕（见彩图 19）因其口味清雅，色泽鲜明，粉嫩如酥，细腻上口而出名。

（二）用料与烹调

【原料】鸡脯肉 300 克，净鱼肉 50 克，山药 50 克，鲜虾仁 30 克，鸡蛋 2 个，豌豆粉 30 克，葱姜汁 15 克，精盐 8 克，绍酒 25 克，味精 2 克。

【制法】1. 把鸡脯肉与净鱼肉放在清水里浸泡充分去掉血水。

2. 将泡好的鸡脯肉与净鱼肉取出晾干斩成肉泥。取鸡蛋清、扑碎的山药、斩碎的鲜虾仁、豌豆粉及调味品一起放入肉泥里，充分搅拌均匀，使之成为黏性较强的白色糊状。

3. 取 4/5 调好的肉糊倒入容器中摊平，厚度为 3 厘米左右，上笼备蒸。同时将备留的 1/5 肉糊中加入蛋黄使其成为黄色糊状，再均匀地摊在笼中的肉糊上面，小火蒸熟，时间约 20 分钟。取出冷却即成鸡糕。

（三）菜品特点

晶莹透明，味道鲜美，营养精良，清爽雅淡，细腻如膏，嫩而不化、鲜而不散。

（四）营养标签（以100克为例）

菜肴主料	蛋白质 / 克	脂肪 / 克	糖类 / 克	热量 / 千卡	钙/毫克	磷/毫克	铁/毫克
鸡脯肉	19.4	5	2.5	133	3	214	0.6

（五）思考与练习

1. 郑大鸡糕与"鱼糕"在制作工艺上存在哪些共同点与异同点？
2. 以鸡糕为原料制作一款创新菜。
3. 查阅地方史记，找出与乾隆相关的历史菜肴列举一例。

七、将 军 过 桥

（一）文化赏析

民间传说黑鱼为龙宫大将，故有"将军"之称。此鱼皮厚力大，生命力极强。泥塘水枯时，入淤泥中头向上，只留小孔呼吸可数月不死，一场大雨，水满泥松，它从泥中钻出，又可神气活现地生活，故亦名生鱼。因其色黑，在《本草纲目》记载中称之为火柴头鱼，又名黑鱼；以其头上有7个小白点，亦称七星鱼；古人因其头有七星，夜间向北，誉其知礼，美其名鳢鱼。

"过桥"为淮扬烹饪的行业用语，指同一原料两种烹法或同一菜点两种吃法，有干、有汤。将军指黑鱼，将黑鱼做出一炒一汤两样菜。清代称谓"活打"，据《邗上三百吟》记载，"活者，黑鱼也；打者，打鱼颈也，唯此经活打之后烹而食之，他鱼则否。"将黑鱼片滑炒，将鱼骨制汤，一鱼两吃，各献一味，称之将军过桥（见彩图20）。黑鱼既脆又丰腴，为不可多得的美味。

（二）用料与烹调

【原料】活黑鱼1条（约700克），熟笋片50克，水发香菇片25克，青菜心6棵，虾子2克，熟火腿片5克，鸡蛋清1个，醋2克，黄酒20克，精盐7克，姜片10克，葱片8克，葱段10克，姜末5克，湿淀粉30克，鲜汤300克，香油10克，精炼油适量。

【制法】1. 将黑鱼刮鳞去腮、鳍，用刀在背部沿着脊骨两侧剖开，挖出内脏（鱼肠留用），洗净。把鱼横放在砧板上，片下两面鱼肉，再斜片成大片，放入清水中泡去血水，捞出放入碗内，加精盐、鸡蛋清、湿淀粉拌匀。

2. 将鱼肠翻入清水中，用剪刀剪开，去净肠内污物，用精盐轻轻揉搓，洗净。再将黑鱼脊骨和剩下的鱼肉洗净，斩成块，鱼头劈成两半并与脊骨相连。把菜心洗净，头部用刀修成圆形，菜叶削成三角形。

3. 锅置火上，倒入精炼油，烧至120摄氏度时放入鱼片，用铁勺拨散，至色呈乳白时倒入漏勺沥去油。原锅仍置火上，舀入精炼油，烧至四成熟时放入葱片、笋片、香菇片，煸炒几下后，加黄酒、鲜汤、精盐，烧沸后用湿淀粉勾芡，随即倒入鱼片炒匀，淋入香油，颠翻，起锅盛入有少量醋的盘中即成炒菜（炒菜称为滑炒玉兰片）。

4. 将鱼头、鱼骨、鱼肠一起放入沸水锅中略烫，捞出洗净沥去水。放入炒锅内，加入清水、黄酒、葱段、姜片、笋片、虾子，置旺火上烧沸后加入精炼油，烧至汤色乳白时放入青菜心、香菇片，待菜心熟后再加精盐烧沸，拣去葱段、姜片，起锅盛入大汤碗内，放上火腿片即成汤菜。上桌时另备姜末、香醋蘸食。

（三）菜品特点

鱼片洁白、滑嫩，鱼汤浓白、香醇。

（四）营养标签（以100克为例）

菜肴主料	蛋白质/克	脂肪/克	糖类/克	热量/千卡	钙/毫克	磷/毫克	铁/毫克
黑鱼	18.5	1.2	1.4	85	152	232	0.7

（五）思考与练习

1. 鱼片的厚薄对成菜有何影响？
2. 清洗鱼骨架时要注意哪些问题？
3. 黑鱼烧汤为何时间比较长，汤汁才能较白？

八、文 思 豆 腐

（一）文化赏析

文思豆腐（见彩图 21）如同东坡肉，是用人名命名的菜肴。长期以来，江苏佛门涌现出不少名厨，其中以古籍所记载扬州名僧文思和尚最为出名。

传说在乾隆年间，文思和尚在扬州天宁寺修持，本来他就是烹饪高手，由于前往烧香拜佛的佛门居士颇多，寺院的斋菜供应成了问题。他便研究了易变化菜肴的豆腐，组成豆腐斋菜宴席。其中有一道，以嫩豆腐为主料，佐以金针菇、木耳、青菜、笋丝、香菇丝等烧制的豆腐羹，不但滋味鲜美，而且卖相上佳，五彩缤纷，颇有"天花乱坠"的佛相，十分讨喜，能够吸引远近的善男信女前往寺中品尝。

一日，乾隆皇帝下江南经过扬州，听说天宁寺风景甚佳，便前去一游。时近中午，他瞧见不少香客，脚步急速，似在赶路。其中一名香客说："我娘生病后常思念文思和尚烧出的豆腐汤，快点走……"乾隆皇帝在天宁寺遂指名要吃这道菜，品尝之后，十分满意，随即将其列入宫廷菜肴，并正名为"文思豆腐"。

其实"文思豆腐"代表了各大菜系以外的一个特殊分支——斋菜。斋菜，说通俗点就是素食，以菜用素菜、料用素料、油用素油，兼不可用葱、蒜、韭菜等"荤菜"为限。从前专供寺院中出家人食用，后扩展到几乎所有信佛教者。其实这种素食斋菜，是继承了我国古代的素食传统。

（二）用料与烹调

【原料】内酯豆腐 1 盒，水发香菇丝 7 克，熟笋丝 10 克，熟火腿 10 克，熟鸡脯肉 20 克，熟青菜叶丝 7 克，精盐 4 克，味精 2 克，鲜汤 500 克，湿淀粉 30 克，精炼油适量。

【制法】1. 将豆腐先从盒中取出，劈成片，再切成细丝，放入清水碗中泡起。
　　　　2. 锅置火上，倒入鲜汤、精盐、味精烧沸，放入香菇丝、笋丝、鸡丝、青菜叶丝、豆腐丝，烧沸后用湿淀粉勾琉璃芡，淋入精炼油，装入碗中，撒上火腿丝即成。

（三）菜品特点

刀工精细，色彩分明，软嫩清醇，入口即化。

（四）营养标签（以100克为例）

菜肴主料	蛋白质/克	脂肪/克	糖类/克	热量/千卡	钙/毫克	磷/毫克	铁/毫克
豆腐	8.1	3.7	4.2	81	164	119	1.9

（五）思考与练习

1．为了保持豆腐丝浮而不沉，需采取哪些措施？

2．豆腐丝怎样才能切成细如棉线状？

3．内酯豆腐的制作简要过程是怎样的？

九、霸 王 别 姬

（一）文化赏析

"霸王别姬"（见彩图22）是徐州古典名菜。"霸王"指老鳖（俗称"乌龟"），"虞姬"指鸡，该馔是极富营养，又寓意深长的美馔佳肴。

其来项羽是我国古代最负盛名的勇士，他少年时力举宝鼎而威震江东。他率领义军推翻了暴秦后，建都于彭城（即今之徐州），和汉王刘邦两支军事力量形成了对峙局面。刘邦招贤纳谏，善于用兵，在徐州北郊进行的九里山大战，彻底摧垮了项羽主力。西楚大势已去，追随项羽的仅有八百壮士了。项羽爱妾虞姬一直随军征战，他的爱情曾给项羽带来巨大的鼓舞。眼看汉兵将霸王重重围困，必置之于死地，项羽哀叹大势已去，慷慨作歌："力拔山兮气盖世，时不利兮骓不逝。骓不逝兮可奈何，虞兮虞兮奈若何？"虞姬和之："汉兵已略地，四方楚歌声，大王意气尽，贱妾何聊生。"歌罢自刎而死。项羽见爱妾身亡，痛不欲生。这是一场生离死别的大悲剧，艺术家为此创作的戏曲《霸王别姬》，长期活跃在舞台上，为广大群众所称道。

徐州名菜"霸王别姬"就是根据这一段发生在徐州附近的历史名人和历史事件创制出来的。它以造型别致、肉质酥烂、鲜香味美和汤汁醇厚光润而著称。

（二）用料与烹调

【原料】活甲鱼1只（约500克），光仔母鸡1只（约750克），熟笋片10克，水发香菇片10克，熟火腿15克，青菜心3棵，精盐5克，黄酒50克，味精1克，葱段10克，姜片10克，鲜汤500克，精炼油适量。

【制法】1．将光仔母鸡洗净，两翅从宰杀口插入嘴中抽出，呈"龙吐须"状，鸡爪弯至鸡肋处，焯水后洗净。

2．将甲鱼宰杀烫洗，去掉黑皮膜后去壳、内脏，洗净，将甲鱼蛋与甲鱼一起放入锅中焯水，蛋捞入盘中，甲鱼肉捞出后沥去水，与甲鱼蛋放入腹中，盖上壳，仍呈甲鱼形状。

3．将鸡、甲鱼背朝上，两头方向相反，放入砂锅中，倒入鲜汤，加姜片、葱段、黄酒、精盐、精炼油，上笼蒸熟后取出，去掉葱片、葱段，加入味精、笋片、香菇片、火腿片、青菜心，再蒸2分钟取出即成。

（三）菜品特点

鸡肉、甲鱼肉质鲜嫩，汤浓味醇，原汁原味。

（四）营养标签（以100克为例）

菜肴主料	蛋白质/克	脂肪/克	糖类/克	热量/千卡	钙/毫克	磷/毫克	铁/毫克
甲鱼	17.8	4.3	2.1	118	70	114	2.8

（五）思考与练习

1．熟悉和了解霸王别姬的典故，加深对这一名菜的理解。

2．此菜的选料有何要求？

3．此菜的营养与食疗功效如何？

十、天下第一菜

（一）文化赏析

据传说，清代乾隆皇帝三下江南时，曾在无锡城内微服私访。一天，时已过午，乾隆走进一家饭店，催促要饭要菜，店主见来者气宇非凡，但饭菜已卖完，急取剩下的锅巴在滚油中炸酥，配以虾仁、熟鸡丝、高汤制成的浓汁，一并送上餐桌，并将浓汁浇在锅巴上，只见盘内立刻发出"嘶啦"的响声，同时冒出一缕白烟，香味扑鼻。乾隆皇帝饥不择食，吃起来顿觉鲜味异常，香酥可口，当即赞叹道此菜可谓"天下第一菜"啊！从此虾仁锅巴身价百倍，盛名至今已有两百多年的时间了。

"天下第一菜"（见彩图23）的名声虽响，历史却并不长。提起它的诞生，乃至"苏菜"系列的形成与完善，就不能不谈到陈果夫。陈果夫自小生长于富贵人家，又一直体弱多病，故对烹饪营养十分注意。他早年在杭州的酒食竞逐中吃到两味菜，一味是西红柿锅巴炒虾仁，一味是神仙鸡，就触动而联想到合二菜为一菜，改革成一道新的菜肴。但他试验多次都未成功，只得作罢，可此事一直萦回于其脑中。

1933年年底，时任江苏政府主席的他，在公事之余，对饮食烹饪很感兴趣。并在第二年的"全省物品展览会"上，将他早年配合西红柿、锅巴、虾仁与神仙鸡为一菜的设想提了出来，马上得到众多饮食行业的试制，最后终于试制成功一道新式菜肴。在此过程中，陈果夫兴趣盎然地多次亲自品尝指导。开始，这道菜没有正式名称，俗称"平地一声雷"。陈果夫听了不满意，他认为此菜名未能尽善尽美，考虑到此菜研制成功于镇江，镇江又有"天下第一江山"与"天下第一泉"，就此取名为"天下第一菜"。

（二）用料与烹调

【原料】大米锅巴100克，大虾仁200克，熟鸡丝50克，番茄酱60克，精盐2克，黄酒30克，白糖30克，白醋5克，鸡蛋1个，干淀粉10克，湿淀粉15克，鲜汤300

克，精炼油适量、味精2克。

【制法】1. 将大虾仁洗净漂尽血水，沥去水分，放入碗中，加精盐、鸡蛋清、干淀粉拌和上劲。

2. 锅置火上，倒入鲜汤，放入虾仁、熟鸡丝、精盐、黄酒、白糖、味精、番茄酱烧沸，用湿淀粉勾芡，再加白醋，制成锅巴卤汁。

3. 制锅巴卤的同时，另取锅置火上，倒入精炼油，烧至200摄氏度，放入大米锅巴，炸至质脆，倒入漏勺中沥去油，放入碗中，再将锅巴卤汁盛入另一碗中。两碗同时迅速上桌，将卤汁倒在锅巴碗中即成。

（三）菜品特点

色呈橘红，锅巴酥脆松香，鸡虾鲜嫩，酸甜宜口，是色、香、味、声俱佳的名菜。

（四）营养标签（以100克为例）

菜肴主料	蛋白质/克	脂肪/克	糖类/克	热量/千卡	钙/毫克	磷/毫克	铁/毫克
虾仁	43.7	2.6	2.2	828	555	666	1

（五）思考与练习

1. 查阅历史记载、找出天下第一菜的相关历史典故？

2. 此菜为何名为"天下第一菜"？

3. 菜肴制作的关键点有哪些？

单元四

粤菜集聚区名菜赏析

单元目标

★ 通过学习对粤菜集聚区名菜特点有所了解。

★ 掌握粤菜集聚区代表名菜制作方法、名菜特点及饮食文化相关内容。

★ 熟知代表名菜的历史文化及典故来源，掌握每道菜肴的制作方法与成菜关键。

单元介绍

本单元介绍粤菜集聚区代表名菜，从名菜概述、文化赏析、用料与烹调、菜品特点、营养标签与思考练习六个方面着手，恰到好处的将代表名菜的历史文化、烹饪工艺与营养成分三大主要模块进行有机统一，从而有效的将学生从单一技能型向综合素质型转变。

4.1　粤菜集聚区名菜概述

粤菜即广东菜，又称潮汕菜，是中国八大菜系之一，发源于岭南，由广州、潮州、东江三地特色菜点发展而成。粤菜集南海、番禺、东莞、顺德、中山等地方风味的特色，兼京、苏、扬、杭等外省菜以及西菜之所长，融为一体，自成一家。粤菜取百家之长，用料广博，选料珍奇，配料精巧，善于在模仿中创新，依食客喜好而烹制。烹调技艺多样善变，用料奇异广博。在烹调上以炒、爆为主，兼有烩、煎、烤，讲究清而不淡、鲜而不俗、嫩而不生、油而不腻，有"五滋"（香、松、软、肥、浓）、"六味"（酸、甜、苦、辣、咸、鲜）之说。时令性强，夏秋尚清淡，冬春求浓郁。粤菜著名的菜点有：鸡烩蛇、龙虎斗、烤乳猪、太爷鸡、盐　鸡、白灼虾、白斩鸡、烧鹅、蛇油牛肉等。

粤菜系由广州菜、潮州菜、东江菜三种地方风味组成，以广州菜为代表。

广州菜包括珠江三角洲和肇庆、韶关、湛江等地的名食在内。地域最广，用料庞杂，选料精细，技艺精良，善于变化，风味讲究，清而不淡，鲜而不俗，嫩而不生，油而不腻。夏秋力求清淡，冬春偏重浓郁，擅长小炒，要求掌握火候和油温恰到好处。

广州菜取料广泛，品种花样繁多，令人眼花缭乱。天上飞的，地上爬的，水中游的，几乎都能上席。鹧鸪、禾花雀、豹狸、果子狸、穿山甲、海狗鱼等飞禽野味自不必说；猫、狗、蛇、鼠、猴、龟，甚至不识者误认为"蚂蟥"的禾虫，亦在烹制之列，而且一经厨师之手，顿时就变成异品奇珍、美味佳肴，令中外人士刮目相看。广州菜的另一突出特点是：用量精而细，配料多而巧，装饰美而艳。而且善于在模仿中创新，品种繁多，1965年"广州名菜美点展览会"介绍的就有5457种之多。广州菜的第三个特点是：注重质和味，口味比较清淡，力求清中求鲜、淡中求美。而且随季节时令的变化而变化，夏秋偏重清淡，冬春偏重浓郁。食味讲究清、鲜、嫩、爽、滑、香；调味遍及酸、甜、苦、辣、咸。代表品种有：龙虎斗、白灼虾、烤乳猪、香芋扣肉、黄埔炒蛋、炖禾虫、狗肉煲、五彩炒蛇丝等，都是饶有地方风味的广州名菜。

潮州故属闽地，其语言和习俗与闽南相近。隶属广东之后，又受珠江三角洲的影响，故潮州菜接近闽、粤，汇两家之长，自成一派。潮州菜以烹调海鲜见长，刀工技术讲究，口味偏重香、浓、鲜、甜。喜用鱼露、沙茶酱、梅羔酱、姜酒等调味品，甜菜较多，款式百种以上，都是粗料细作，香甜可口。潮州菜的另一特点是喜摆十二款，上菜次序为喜头、尾甜菜，下半席上咸点心。秦代以前潮州属闽地，其语系和风俗习惯接近闽南而与广州有别，因渊源不同，故菜肴的特色也与广州菜有区别。代表品种有：烧雁鹅、豆酱鸡、护国菜、什锦乌石参、葱姜炒蟹、干炸虾枣等，都是潮州特色名菜，流传岭南地区及海内外。

东江菜又称客家菜。客家人原是中原人，在汉末和北宋后期因避战乱南迁，聚居在广东东江一带。其语言、风俗尚保留中原固有的风貌，菜品多用肉类，极少用水产，主料突出，讲究香浓，下油重，味偏咸，以砂锅菜见长，有独特的乡土风味。东江菜以惠州菜为代表，下油重，口味偏咸，酱料简单，但主料突出。喜用三鸟、畜肉，很少配用菜蔬，河鲜海产也不多。代表品种有：东江盐　鸡、东江酿豆腐、爽口牛丸等，表现出浓厚的古代中州之食风。

近年来，粤菜也追求"新派"。但几千年所形成的选料广博奇杂，菜肴讲究鲜、爽、嫩、滑的南国风味对创新的变化影响颇深。"万变不离其宗"，传统的美点薄皮鲜虾饺、干蒸烧麦、糯米鸡、娥姐粉果、荔脯秋芋角、马蹄糕、叉烧包、蟹黄包、奶油鸡蛋卷以及名小吃肠粉、炒河粉、艇仔粉、及第粥、猪红汤、伦教糕、萝卜糕、咸水角、凤爪、卤牛杂、薄脆、白糖沙翁、德昌咸煎饼、大良崩砂等更是历久不衰。这表明广州菜系植根的土壤是十分深厚的。

粤菜中较为著名的名店名品有：广州酒家的广州文昌鸡；贵联升的满汉全席、香糟鲈鱼球；聚丰园的醉虾、醉蟹；南阳堂的什锦冷盘、一品锅；品容升的芝麻球；玉波楼的半斋炸锅巴；福来居的酥鲫鱼；万栈堂的挂炉鸭；文园的江南百花鸡；南园的红烧鲍片；西园的鼎湖上素；大三元的红烧大裙翅；蛇王满的龙虎烩；六国的太爷鸡；愉园的玻璃虾仁；华园的桂花翅；北国的玉树鸡；旺记的烧乳猪；新远来的鱼云羹；金陵的片皮鸭；冠珍的清汤鱼肚；陶陶居的炒蟹；菜根香的素食；陆羽居的化皮乳猪、白云猪手；太平馆的西汁乳鸽等。

4.2 粤菜集聚区代表名菜赏析

一、蜜汁叉烧

（一）文化赏析

广东传统名菜，之所以叫叉烧，是因为以前没有烤箱的时候，人们经常用竹片或竹签将肉叉起来烤，故此得名。叉烧有好多种类，蜜汁叉烧（见彩图24）、肥婆叉烧、脆皮叉烧……在广东，叉烧在人们的心目中占据着很重要的位置，只要是粤菜馆，不可能没有叉烧的，即使不去酒家，普通家庭也经常会从烧腊店买叉烧回家吃，或者干脆自家做。别看叉烧可以普通到满街都是，可是真的研究起来，还是颇有学问的。对于懂行的人来说，叉烧分为"低柜"叉烧和厨房叉烧，两种叉烧由于用途不同，味道也有很大差别。"低柜"叉烧是非常精贵的，首先在选料方面就十分讲究，必须要用"柳枪"，"柳枪"是猪脊骨后面的一条肉柳（里脊），只有这个部位的肉，才会软滑多汁，味道最好。厨房叉烧还可以细分为两种，一种多用于制作点心，例如叉烧包、叉烧酥、叉烧挞……用于制作点心的叉烧多用锅烧煮，需收干汁才行，然后切成"指甲片"，包在点心里，非常美味。还有一种则多用来炒饭，炒蛋……因为还要再次加工，所以要求无需太高，只要猪肉外边熟就可以用了。

（二）用料与烹调

【原料】梅花肉250克，叉烧酱配料（酱油30克，白糖45克，五香粉10克，蒜蓉5克，汾酒50克，耗油15克，红糟或红腐乳汁15克），麦芽糖100克。

【制法】1．把叉烧酱配料全部倒入碗里，搅拌均匀即成叉烧酱。

2．梅花肉洗净，沥干水分，切成厚度为4厘米左右的块。将肉放入密封盒里，倒入叉烧酱，充分拌匀，放入冰箱腌渍24小时。

3．腌渍好的叉烧肉摆放在烤架上，放入预热好220摄氏度的烤箱，烤30～40分钟。

4．将麦芽糖和清水混合均匀成为糖水，在烤肉过程中，从烤箱取出2或3次，用毛刷蘸糖水刷在叉烧肉表面，然后重新放回烤箱。最后一次刷糖水最好在出炉前3~5分钟，这样烤出来的叉烧肉才会有蜜汁的光泽。

（三）菜品特点

色泽红亮，香气四溢，甜中带咸。

（四）营养标签（以100克为例）

菜肴主料	蛋白质／克	脂肪／克	糖类／克	热量／千卡	钙／毫克	磷／毫克	铁／毫克
猪瘦肉	20.2	7.9	0.7	155	6	184	1.5

（五）思考与练习

1．叉烧的命名依据？

2．烤制时刷糖水的作用？

3．此菜为何用白酒调味而不用黄酒调味？

二、白 云 猪 手

（一）文化赏析

　　白云猪手（见彩图25）是广州历史名菜之一。广州几乎每个酒楼都设有这道菜式。其制作方法是将猪手（前脚）洗净斩件先煮熟，再放到流动的泉水中漂洗一天，捞起再用白醋、白糖、盐一同煮沸，待冷却后浸泡数小时，即可食用。食之觉得皮爽脆，肉肥而不腻，带有酸甜味，醒胃可口，食而不厌，颇有特色。因泉水取自白云山，故名为白云猪手。

　　白云猪手这道历史名菜还有一个有趣的故事：相传古时候，白云山有座寺庙，寺庙后有一股清泉，那里泉水甘甜，长流不息。寺庙有个小和尚，调皮又馋嘴，从小喜欢吃猪肉。出家后，他先打杂为和尚煮饭。有一天，他趁师父外出，偷偷到集市买了些最便宜的猪手，准备下锅煮食。突然，师父回来，小和尚慌忙将猪手扔到寺庙后的清泉坑里。过了几天，总算盼到师父又外出了，他赶紧去山泉将那些猪手捞上来，却发现一个奇怪的现象，这些猪手不但没有腐臭，而且更白净了。小和尚将猪手放在锅里，再添些糖和白醋一起煲。熟后拿来一尝，这些猪手不肥不腻，又爽又甜，美味可口。小和尚又惊又喜，此后他不但自己开了荤，引得其他和尚也破了斋戒。后来，白云猪手传到民间，人们如法炮制。

　　随着饮食文化的发展，现今酒家、饭店里的白云猪手更注重色、香、味、形，加上五柳料或红椒丝点缀，色调和谐悦目，食味也更胜一筹。

（二）用料与烹调

【原料】猪前后脚各一只（1.25 千克左右），盐 45 克，白醋 1.5 千克，白糖 500 克，五柳料（瓜英、锦菜、红姜、白酸姜、酸芥头制成）60 克。

【制法】1. 将猪爪毛用刀刮净，去掉蹄壳，洗净后，放入沸水中煮 30 分钟，捞出后，清水泡 1.5 小时，取出剖开切块，再用清水洗净。另换沸水锅，放入猪脚块煮 20 分钟，捞出放入清水中泡 1.5 小时，取出再换沸水煮 20 分钟，至六成熟后捞起，冷却。

2. 锅上火，倒入白醋，烧沸后加白糖、盐，溶后盛入盆中，用洁布过滤，冷却后，将猪手块放入浸约 6 小时，捞出装盘，撒五柳料即成。

（三）菜品特点

肉质软烂清爽，食之肥而不腻，滋味酸、甜、香醇。

（四）营养标签（以100克为例）

菜肴主料	蛋白质／克	脂肪／克	糖类／克	热量／千卡	钙／毫克	磷／毫克	铁／毫克
猪手	22.6	18.8	0	260	33	33	1.1

（五）思考与练习

1. 猪手为何反复用沸水煮、清水漂？
2. 糖醋汁浸泡的作用是什么？
3. 简述白云猪手的历史典故。

三、片皮乳猪

（一）文化赏析

片皮乳猪（见彩图 26）也称烤乳猪，早在西周时期，烤乳猪即被列为八珍之一，名叫"炮豚"，烹制非常复杂，《礼记·内则》记载了这种做法：小猪宰杀后，去脏器，整治干净，填枣于腹内，用草绳捆扎，再涂上黏泥，送入火中烧烤；烤干黏泥后，掰去干泥，揭去表皮的一层薄膜，另用调成糊状的稻米粉裹上猪身。接着将猪放入小鼎内，鼎内放香草和油，油要能淹没猪；小鼎又放在装水的大鼎中，熬煮三天三夜，令大鼎内的水和小鼎内的油同沸。三天后，鼎内的猪肉酥透，蘸醋和肉酱吃。这一道菜先后采用了烤、炸、炖三种烹饪方法，而工序竟多达十余道。后来到汉代，称烤乳猪为"炙豚"，技术已臻成熟。在距今 1400 多年的后魏，烤乳猪技术更加精致，当时的农业科学家贾思勰在《齐民要术》中记载了黄河流域的烤乳猪法，细载选料、整治、炙烤、发色、涂猪油的种种工序和滋味："揩洗刮削令极净。小开腹，去五藏。又净洗，以茅茹腹令满。柞木穿，缓火遥炙，急转勿住，清酒数涂以发色。取新猪膏极白净者涂拭，勿住着；无新猪膏，净麻油亦得。色同琥珀，又类真金，入口则消，状若凌雪，含浆膏润，特异凡常也。"

发展到清代，烤乳猪不但是宫廷名馔，也传遍大江南北。现在以广东最享盛名，在誉满中外的广东烧烤中，此菜堪称一绝。袁枚《随园食单》所载制作方法与《齐民要术》相似，却称之为"烧小猪"，不再叫"炙豚"，并涂以奶酥油烧烤，其记载为："小猪一个，六七斤重者，钳毛去秽，叉上炭火炙之。要四面齐到，以深黄色为度。皮上慢慢以奶酥油涂之，屡涂屡炙。食时酥为上，脆次之，硬斯下矣。"

（二）用料与烹调

【原料】 净乳猪一只（3千克），千层饼200克，甜酸菜150克，葱球100克，甜面酱100克，精盐150克，白糖100克，八角粉5克，五香粉10克，南乳25克，芝麻酱25克，豆酱100克，蒜泥10克，汾酒5克，糖汁150克。

【制法】 1. 将净光乳猪从内腔劈开，使猪身呈平板状，然后斩断第三、四条肋骨，取出这个部位的全部排骨和两边扇骨，挖出猪脑，在两旁牙关节处各斩一刀，使上下嘴巴放平。取香料、盐涂匀猪内腔，腌30分钟即用铁钩挂起，滴干水分后取下，将南乳、芝麻酱、豆酱、白糖、蒜泥、汾酒拌和，抹匀内腔，腌20分钟。

2. 用烤叉从臀部插入，穿到扇骨关节，最后再穿过腮部。用沸水淋猪身使皮绷紧，烫好的猪体头朝上放，用排笔在猪身刷上糖汁风干。

3. 将猪架于长形的木炭炉上，先烤内腔至半熟，用木条在内腔撑起猪身，前后腿也各用一根木条横撑开，把猪身撑开，扎好猪手。将炭火拨作前后两堆，将猪头和臀部烤成嫣红色后用针扎眼排气，然后将猪身遍刷植物油，将炉炭拨成长条形通烤猪身，同时转动叉位使火候均匀，至猪通身呈大红色便成。上席时一般用红绸盖之，厨师当众揭开再片皮。

4. 片皮，在猪背的耳后和臀部各横划一刀，再从猪头至猪尾顺长划出条型，用刀将猪皮片下再改刀成块，然后照原样放回猪身。配千层饼、甜酸菜、葱球、甜面酱佐食。

5. 客人食过猪皮后，取回乳猪。切下猪耳、尾，猪舌切两半；前后腿的下节各剁下一只，劈成两半；铲出猪头皮和腮肉切成块；腹肉切成块，大小与片出的猪皮同，再拼成猪形状，第二次上席。

（三）菜品特点

色泽红亮，皮脆肉嫩，香而不腻，风味独特。

（四）营养标签（以100克为例）

菜肴主料	蛋白质／克	脂肪／克	糖类／克	热量／千卡	钙／毫克	磷／毫克	铁／毫克
猪肉（肥瘦）	14.6	30.8	2.4	336	5	130	1

（五）思考与练习

1. 烤制时的加热次序是怎样的？

2. 烤乳猪对选料的要求是什么？

3. 简述烤乳猪的历史典故。

四、大良炒鲜奶

（一）文化赏析

大良炒鲜奶（见彩图27）首创于顺德县大良镇，故此得名。大良古称凤城，为鱼米之乡。大良附近多土阜山丘，岗草茂盛，农民多养水牛，盛产水牛奶。一般牛奶含脂量为3.5%，而顺德水牛奶则含脂8%以上，有"滴珠"和"挂杯"的浓稠。所谓"挂杯"，就是奶汁可以明显地黏附在杯壁上而不流走；所谓"滴珠"，就是把一滴牛奶滴在玉扣纸上，由于其表面张力大而宛若一颗珍珠，不泻散，不透纸。被香港美食家黄雅历先生誉为"一级的靓鲜奶"。大良炒牛奶被奉为我国烹饪技术中软炒法的典型菜例，并由此衍生出多款炒牛奶菜肴。大约在民国初期，顺德巧手厨师把一半水牛奶与鹰粟粉调味和匀，另一半水牛奶则与蛋清和匀，然后二者会合，在锅里用慢火加热，加入蟹肉、虾仁、炸榄仁、猪油等料，顺同一个方向由底向上翻炒（但不要频繁翻动），炒至凝固时，盛菜装盘。菜品奶香扑鼻，如"白玉一般"（作家端木蕻良语）。著名作家秦牧赞炒牛奶"风格独特，莫测高深"。《羊城竹枝词》云："鲜酷炒来味倍香，大良巧手早名扬。尝来一篑鲜留颊，软滑清甜见所长。"

（二）用料与烹调

【原料】鲜牛奶400克，鸡蛋清250克，鸡肝25克，蟹肉25克，浆虾仁50克，熟火腿50克，精盐4克，味精4克，淀粉25克，炸榄仁25克，花生油500克。

【制法】1. 火腿切成约0.2厘米见方的小粒。鸡肝切成宽2厘米的小片。用少量牛奶加淀粉调匀。鸡蛋清加精盐、味精调匀。

2. 将鸡肝放入沸水锅滚至刚熟，倒入漏勺沥去水。用中火烧热炒锅，下油250克，烧至四成热，放入虾仁、鸡肝过油至熟，倒入笊篱沥去油。

3. 用中火烧热炒锅，下牛奶，烧至微沸盛起，将已用牛奶调匀的淀粉、鸡蛋清、鸡肝、虾仁、蟹肉、火腿一并倒入搅拌。

4. 用中火烧热炒锅，下油搪锅后，再下油25克，放入已拌料的牛奶，边炒边翻动，边加油2次（每次20克），炒成糊状，再放入榄仁，淋油5克，炒匀上碟。

（三）菜品特点

色白如玉，奶香扑鼻，鲜嫩爽滑，酥、脆、嫩、软、韧，营养丰富。

（四）营养标签（以100克为例）

菜肴主料	蛋白质/克	脂肪/克	糖类/克	热量/千卡	钙/毫克	磷/毫克	铁/毫克
牛奶	3.0	3.2	3.4	54	104	73	0.3

（五）思考与练习

1．蛋清、淀粉的用量对菜的品质有何影响？
2．如何控制火候，保证成品质量？
3．根据营养标签、区分顺德水牛奶与普通牛肉的营养异同点。

五、生炆狗肉

（一）文化赏析

生炆狗肉（见彩图 28）为广东传统名菜，又称砂锅狗肉、狗肉煲。俗话说："狗肉滚三滚，神仙站不稳。"我国以狗入馔历史悠久，早在商周时期，狗肉便是宫廷宴饮、祭祀大典上不可缺少的美味。两汉时，食犬之风盛行，当时已有专业屠狗者出售狗肉。《食疗本草》、《本草纲目》等医书中，也多有狗肉入馔与饮食保健方面的记载。烹狗，在我国大部分地区都不足为奇，以广东和东北的朝鲜族最为嗜食。狗肉吃法很多，可焖、烤、炖。煲狗肉时阵阵香味扑鼻，令人垂涎欲滴，所以，狗肉也称为香肉。此菜补中益气、温肾壮阳，实为冬令进补之佳品。

（二）用料与烹调

【原料】带皮狗肉 750 克，生菜 200 克，茼蒿 200 克，蒜苗 150 克，柠檬叶 25 克，辣椒 25 克，姜块 150 克，蒜泥 10 克，豆酱 50 克，芝麻酱 25 克，腐乳 25 克，陈皮 5 克，黄酒 50 克，鲜汤 750 克，盐 5 克，糖 25 克，酱油 15 克，花生油 100 克。

【制法】1．狗肉刮洗干净，斩成 3 厘米见方的块，入热锅煸干水分，表面微黄。
2．蒜苗切成长 4 厘米的段，辣椒、柠檬叶切成细丝，姜块用刀拍松。
3．炒锅烧热下油，放入蒜泥、豆酱、芝麻酱、腐乳、姜块炒香，再放入蒜苗段和狗肉，炒约 5 分钟，加黄酒、鲜汤、盐、糖、酱油、陈皮烧沸，转倒入砂锅煲约 2 小时至软烂。
4．食用时，砂锅置于木炭炉上，加茼蒿、生菜边涮边食，并另以小碟分盛辣椒丝、柠檬叶丝、熟花生油供佐食。

（三）菜品特点

芳香浓郁，狗肉酥烂，营养丰富，滋补佳品。

（四）营养标签（以100克为例）

菜肴主料	蛋白质 / 克	脂肪 / 克	糖类 / 克	热量 / 千卡	钙 / 毫克	磷 / 毫克	铁 / 毫克
狗肉	16.8	4.6	1.8	116	52	107	2.9

（五）思考与练习

1. 狗肉为何要煸干水分？
2. 此菜添加陈皮的作用是什么？
3. 根据所学知识、阐述狗肉的饮食禁忌？

六、盐 焗 鸡

（一）文化赏析

"东江盐焗鸡"是广东的一款名菜。它首创于广东东江一带，已有300多年历史。传说它来源于东江地区沿海的一些盐场，当时人们用盐储存煮熟的鸡，为的是保持其不变味，能较长时间保管，家里有客至，随时可拿来招呼款待客人，食用方便。后来人们发现经过腌储的鸡味道不但不变，还特别甘香鲜美。有一次，当地盐商设宴请客，厨师以盐焗取代了习惯上的腌食方法，其味特佳，以后很快便传开了。因此菜始于东江一带，故称这种鸡为"东江盐焗鸡"。盐焗法作为客家菜的特色烹调法，制作出独具风味特色的"盐焗系列食品"，如盐焗凤爪、盐焗猪肚、盐焗水鱼等。

（二）用料与烹调

【原料】肥嫩光母鸡1只（1.25千克），姜20克，葱20克，香菜25克，精盐10克，味精10克，沙姜粉5克，八角末3克，纱纸2张，熟猪油80克，花生油20克。

【制法】1. 把沙姜粉、少许盐下锅炒热取出，加入熟猪油50克拌匀；熟猪油、精盐、味精、香油调成味汁；纱纸刷上花生油待用。

2. 光鸡洗净晾干，去掉嘴壳和趾尖，在翼的两边各划一刀，颈骨上剁一刀（皮仍相连），再用精盐、姜片、葱段、八角末擦匀鸡内腔，腌渍10分钟。用刷上花生油的纱纸包裹两层。

3. 砂锅上火，下粗盐炒至暗红色后，倒少许盐于砂锅内，将包好的鸡放上，再将余下的盐倒入，使鸡埋在炽热的盐内，盖上锅盖。将砂锅置于炉火上，小火保温约15分钟即可（中间将鸡翻转一次）。

4. 将焗熟的鸡趁热撕去纱纸，剥下鸡皮，鸡肉撕成大片，用味汁拌匀，装入盘中，拼摆成鸡形（骨垫底，肉在中间，皮在上面）。香菜点缀。食用时佐以沙姜粉。

（三）菜品特点

皮脆，肉滑，骨香，味浓。

（四）营养标签（以100克为例）

菜肴主料	蛋白质/克	脂肪/克	糖类/克	热量/千卡	钙/毫克	磷/毫克	铁/毫克
鸡	19.3	9.4	1.3	167	9	156	1.4

（五）思考与练习

1. 为何选用粗盐制作此菜？

2. 鸡一定要晾干吗？

3. 列举烹调中还有哪些固体传热介质？

七、佛山柱侯酱鸭

（一）文化赏析

本品为广东传统名菜，已有180多年历史，是清末佛山三品楼的厨师梁柱侯创制。三品楼原址在三元市祖庙附近，隔墙就是设在祖庙里的万福台。万福台是我国现存的古老戏台之一，建筑形式与清宫内的戏台相似。当年，祖庙香火旺盛，游人终年不绝。如遇一年一度的"万人醮"（祖庙庙会），庙里打醮，台上唱戏，看热闹的是车水马龙，络绎不绝，19世纪末的一年，适逢"万人醮"，又逢数年一度的"出秋色"，佛山万家空巷，街头人潮如涌，租庙附近更是水泄不通，地处要区的三品楼不管拿多少东西出来也难以满足要求。一天晚上，夜市还未开档，夜宵早已卖完了，一群群的顾客快快而别，一队队的游客只好望楼兴叹。但有几位老熟客却非吃不可。老板为了照顾交情，只好叫厨师尽力而为。当时，一位厨师告诉他们，店里仅有毛鸡二只，但他们却说近日食得太多了，感到厌腻。正在为难之际，梁柱侯出来解围，说近日创新了一款新菜，别有风味，保证食客满意。客人只好勉强答应，梁师傅回到厨房，边宰鸡边琢磨。他预料，这些人食鸡发腻，一定是白切鸡吃的过多了，便决定烹制一款鲜美而香的给他们，以改变一下他们的口味。他运用昔日烹制卤水牛脯的功夫，取上等原油面豉，捺烂成酱，再加上一些其他佐料，用砂锅烧热油爆香，加汤煮沸，将鸡浸煮，然后斩件淋汁上席。可能是他们等待过久而有点饿，也可能这道鸡菜独有风味，居然一个个叫绝，拍案称赞。此后一连几天都来吃，次次都要柱侯师傅的鸡。此事传开，许多好奇者也来品尝，柱侯鸡便由此得名。老板得到启发，便叫梁师傅再加改进，并且制成了柱侯鸭、柱侯鹅、柱侯猪手等几十个品种，通称柱侯食品。所需的酱料不敷时，便叫梁师傅列出一个配方，雇请专人到店里用大石磨磨成，并将用剩部分用瓦盅包装，名为柱侯酱，在店外销售，这样，柱侯酱又成为一种独立的调味品而传下来，成为粤菜中的一大特色。

（二）用料与烹调

【原料】 肥嫩光鸭1.5千克，柱侯酱100克，蒜蓉5克，姜15克，葱10克，精盐5克，酱油10克，白糖15克，味精5克，黄酒30克，麻油5克，胡椒粉2克。

【制法】 1. 将光鸭剖腹，取出内脏，斩去鸭脚洗净，抹干水分，皮上用酱油抹匀。

2. 锅内倒入精炼油，烧至七成热，光鸭下油锅炸至金黄色时取出，盛入盆内。

3. 柱侯酱内加入味精、盐、酱油、蒜蓉、糖、黄酒、胡椒粉、麻油拌匀，涂在鸭子腹壁内外，抹匀，葱姜煸香后放入鸭肚内，上笼蒸一小时左右后取出，除去葱姜，切去鸭头、鸭尾，将鸭身斩件，排放在盘内，鸭头、鸭尾摆成鸭形状，将原汁淋在鸭面上即成。

（三）菜品特点

色泽酱红，味道香浓，口感酥烂，肥而不腻。

（四）营养标签（以100克为例）

菜肴主料	蛋白质/克	脂肪/克	糖类/克	热量/千卡	钙/毫克	磷/毫克	铁/毫克
光鸭	15.5	19.7	0.2	240	6	122	2.2

（五）思考与练习

1. 炸制时怎样控制好鸭的色泽？
2. 举一反三，用此法还可以制作哪些菜肴？

八、佛 跳 墙

（一）文化赏析

"佛跳墙"（见彩图29）是闽菜中居首位的传统名肴。据传，此菜创于光绪丙子年，当时福州扬桥巷官银局的一位官员，在家中设宴请布政司周莲，官员夫人亲自下厨，选用鸡、鸭、肉等20多种原料放入绍兴酒坛中，精心煨制而成荤香的菜肴，周莲尝后赞不绝口。事后，周莲带衙厨郑春发到官银局该官员家参观。回衙后，郑春发精心研究，在用料上加以改革，多用海鲜，少用肉类，效果尤胜前者。1877年，郑春发开设了"聚春园"菜馆后，继续研究，充实此菜的原料，制出的菜肴香味浓郁，广受赞誉。一天，几名秀才来馆饮酒品菜，堂官捧一坛菜肴到秀才桌前，坛盖揭开，满堂荤香，秀才闻香陶醉。有人忙问此菜何名，答："尚未起名"。于是秀才即席吟诗作赋，其中有诗句云："坛启荤香飘四邻，佛闻弃禅跳墙来"。众人应声叫绝。从此，引用诗句之意"佛跳墙"便成了此菜的正名，距今已有100多年的历史。

（二）用料与烹调

【原料】水发鱼翅100克，水发刺参250克，水发鱼唇200克，鸽蛋12个，净肥母鸡1只，净鸭1只，净鸭肫6个，猪蹄1千克，水发猪蹄筋100克，猪肚1个，油发鱼肚75克，金钱鲍6只，水发冬菇50克，净火腿100克，水发干贝25克，净冬笋100克，绍酒100克，姜片75克，葱段75克，味精10克，鲜汤1千克。

【制法】1. 将水发鱼翅去沙，剔整排在竹箅上，放进沸水锅中加葱段、姜片、绍酒煮10分钟，去其腥味后取出，拣去葱段、姜片，汁不用，将箅拿出放进碗里，加绍酒上笼屉用旺火蒸1小时取出，去蒸汁。

2．鱼唇切成长 6 厘米、宽 4 厘米的块，放进沸水锅中，加葱段、绍酒、姜片煮 10 分钟去腥捞出，拣去葱段、姜片。

3．金钱鲍放进笼屉，用旺火蒸烂取出，洗净后每个片成两片，剞上十字花刀，盛入小盆，加鲜汤、绍酒，放进笼屉旺火蒸 30 分钟取出，滗去蒸汁。

4．鸡、鸭分别剁去头、颈、脚，猪蹄剔壳，拔净毛，洗净。以上原料斩成大块，与净鸭肫一并下沸水锅汆一下，去掉血水后捞起。猪肚里外翻洗干净，用沸水汆两次，去掉浊味后，切成大块。

5．水发刺参洗净，每只切为两片。水发猪蹄筋洗净，切成长 6 厘米的段。净火腿切成厚约 1 厘米的片。冬笋放沸水锅中汆熟捞出，每条直切成四块，用力轻轻拍扁。鸽蛋煮熟，去壳。将鸽蛋、冬笋块分别下七成热油锅炸约 2 分钟捞起。泡发后的油发鱼肚切成长 4.5 厘米、宽 2.5 厘米的块。

6．锅中留余油 50 克，用旺火烧至七成热时，将葱段、姜片下锅炒出香味后，放入鸡、鸭、猪蹄、鸭肫、猪肚块炒几下，加入绍酒、高汤，加盖煮 20 分钟后，拣去葱段、姜片，起锅捞出各料盛于盆中，汤汁待用。

7．取一只大煲锅（或酒坛），坛底放一个小竹箅，先将煮过的鸡、鸭、猪蹄、鸭肫、猪肚块及花冬菇、冬笋块放入，再把鱼翅、火腿片、干贝、鲍鱼片用纱布包成长方形（上菜时拆去布包），摆在鸡、鸭等料上，然后倒入煮鸡、鸭等料的汤汁，用荷叶在坛口上封盖着，并倒扣压上一只小碗。装好后，将酒坛置于木炭炉上，用小火煨 2 小时后启盖，速将刺参、蹄筋、鱼唇、鱼肚、鸽蛋、火腿、精盐放入坛内，即刻封好坛口，再煨 1 小时即成。

（三）菜品特点

营养丰富，多种鲜味原料复合形成特别鲜美的滋味。

（四）营养标签（以100克为例）

菜肴主料	蛋白质/克	脂肪/克	糖类/克	热量/千卡	钙/毫克	磷/毫克	铁/毫克
鸡	19.3	9.4	1.3	167	9	156	1.4
鸭	16.6	38.4	6	436	35	175	2.4
猪蹄	22.6	18.8	260	260	33	33	1.1

（五）思考与练习

1．各种原料的成熟时间并不一致，如何保证成菜时同时成熟？

2．所用的原料品种是否可以适当调整？怎样调整？

九、东壁龙珠

(一) 文化赏析

本品为福建风味名菜。本菜采用新鲜龙眼配以猪肉、虾肉等馅料精心制作而成。入口既有龙眼的甘甜，又有肉质的鲜香，皮酥馅腴，气味甘美奇特，别有风味，是鲜果与肉类配伍成菜的经典菜例。福建泉州城中有一著名千年古刹开元寺，寺内东石塔旁有寺中小寺——古东壁寺，该寺有原僧人所栽龙眼树，至今仍为稀有品种，所结之果称为东壁龙眼。其果壳呈花斑纹，壳薄核小，肉厚而脆，汁甘甜，味清香，采用东壁龙眼为主料精制而成的本菜，其形如珠，故称"东壁龙珠"（见彩图 30）。

(二) 用料与烹调

【原料】 东壁龙眼（带壳）750 克，猪夹心肉 100 克，鲜虾肉 100 克，鸡蛋 3 个，水发香菇 15 克，芥蓝菜 100 克，干淀粉 50 克，面包糠 150 克，番茄沙司 30 克，醋 20克，精盐 4 克，味精 2 克，花生油 750 克（实耗 100 克）。

【制法】 1. 将猪肉、虾肉剁成泥，香菇切细丁，一并放入碗中，加精盐、味精、蛋液 1 只搅拌上劲成馅料，再捏成龙眼核大小的馅丸摆在盘内。

2. 将龙眼外壳剥去，在果肉上逐个剖一小刀挤出果核，然后把馅丸分别装入每只果肉内成瓤馅龙眼。

3. 鸡蛋磕开打散，加干淀粉调匀。将芥蓝菜择洗干净，切好，下锅炒熟，用盐、味精调味后码在盘边。

4. 炒锅放在中火上烧热，下花生油至六成热时，瓤馅龙眼先拍干淀粉，后蘸上蛋液，再放进面包糠中滚匀，然后下锅炸至壳酥，色呈金黄时，倒进漏勺沥干油，装在盘里。番茄酱、醋另装小碟佐食。

(三) 菜品特点

色泽金黄，皮酥馅腴，味甘而鲜，风味独特。

(四) 营养标签（以100克为例）

菜肴主料	蛋白质 / 克	脂肪 / 克	糖类 / 克	热量 / 千卡	钙 / 毫克	磷 / 毫克	铁 / 毫克
龙眼	1.2	0.1	16.2	431	6	30	0.2

(五) 思考与练习

1. 炸制时如何防止面包糠脱壳?

2. 怎样防止成品中含油?

十、打 边 炉

（一）文化赏析

"打边炉"（见彩图31）就是粤语吃火锅的意思。广东大部分地区，冬天有"打边炉"的习惯。置炉于左右就叫边炉，打边炉就是守在炉边涮食物之意，其实就是吃火锅的一种。一口炉子上蹲只陶土锅，主角的四周摆着各色未经烹制的菜肴，随个人喜好选择自己中意的食品在锅里滚煮涮食。传统打边炉区别于其他地域火锅的特别之处在于火锅用金属器具，中间烧木炭，打边炉是用瓦罉；火锅是坐下来吃的，打边炉是站着吃的；此外打边炉用的筷子比较长，约比普通筷子长一倍，便于站立涮食，所以打边炉人数可以不受桌子周长的限制。大家伸出长长的筷子夹着食物在汤锅中翻转起伏有点敲打炉沿的意思，所以得名"打边炉"。

随着社会文明的进步，一些老的饮食特点也有所改变。现在在广东地区，"打边炉"已与普通的吃火锅没有什么差别了。严冬季节，一家人围炉而食，充满了暖意与温情。

（二）用料与烹调

【原料】 生鱼片200克，鲮鱼球100克，鱿鱼片200克，生虾片200克，生蚝200克，鸡肾100克，牛百叶200克，猪肝片200克，鸡片200克，猪腰片200克，鸭粉肠200克，生牛肉片200克，鸡皮100克，豆腐200克，大白菜150克，菠菜150克，生菜150克，茼蒿150克，酱油150克，花生油100克。

【制法】 1．将各种动物性原料加工成片，大小、薄厚均匀。蔬菜择洗干净。

2．将锅烧热，下花生油烧炼至六七成热，倒入酱油中，调成味汁备用。

3．用特制的红泥炭炉，点燃木炭上放瓦罉（即砂锅），倒入鲜汤烧沸后，由食者随其所好，取生料涮熟，蘸味汁而食，一般先荤后素。

（三）菜品特点

质地爽脆，口味清淡，各取所好，食用自如。

（四）营养标签（以100克为例）

菜肴主料	蛋白质／克	脂肪／克	糖类／克	热量／千卡	钙／毫克	磷／毫克	铁／毫克
牛肉	22.2	0.9	2.4	7	3	241	4.4

（五）思考与练习

1．在原料选用上要注意哪些？

2．打边炉与吃火锅有何异同？

单元五

清真餐饮集聚区名菜赏析

单元目标

★ 通过学习对清真餐饮集聚区名菜特点有所了解。

★ 掌握清真餐饮集聚区代表名菜制作方法、名菜特点及饮食文化相关内容。

★ 熟知代表名菜的历史文化及典故来源，掌握每道菜肴的制作方法与成菜关键。

单元介绍

　　本单元介绍清真餐饮集聚区代表名菜，从名菜概述、文化赏析、用料与烹调、菜品特点、营养标签与思考练习六个方面着手，恰到好处的将代表名菜的历史文化、烹饪工艺与营养成分三大主要模块进行有机统一，从而有效的将学生从单一技能型向综合素质型转变。

5.1　清真餐饮集聚区名菜概述

　　清真菜是中国五大菜系之一，清真菜从历史变革、辐射范围、风味特色等方面与四大菜系比较，都毫不逊色。中国清真菜有5000多种，如葱爆羊肉、黄焖牛肉、手抓羊肉、清水爆肚、油爆肚仁等，都是各地清真餐馆中常见的菜肴。另外，各地还有一些本地特别拿手的清真风味名菜，如兰州的甘肃炒鸡块、银川的麻辣羊羔肉、青海的青海手抓饭、云南的鸡土从里脊、吉林的清烧鹿肉、北京的它似蜜、独鱼腐等，其风味更是独树一帜。清真菜还善于吸收其他民族风味菜肴之长处，将好的烹饪方法嫁接到本民族的菜肴中来，如清真菜中的东坡羊肉、宫保羊肉等便来源于汉族的风味菜肴。还有些菜肴如涮羊肉原为满族菜，烤肉原为蒙古族菜，后也成为清真餐馆热衷经营的风味名菜。

　　清真菜的历史渊源，可以追溯到唐朝，其形成流派应当在元朝回族逐渐形成以后。当时因与海外特别是西域各国通商活动频繁，不少阿拉伯商人通过丝绸之路（陆路）和香料之路（水路）来到中国，也带来了穆斯林独特的饮食习俗和饮食禁忌。后来，又有一部分人迁往华北、江南、云南等地。随着中国穆斯林人数增多，专供穆斯林食用的菜肴、食品便迅速发展起来，同时，因其菜肴风味独特，也受到许多非穆斯林群众的广泛欢迎。最早详细记载回族菜肴的书籍，是约成书于元代的《居家必用事类全集》。当时的伊斯兰菜，还较多地保留着西域阿拉伯国家菜肴的特色。元代忽思慧著的《饮膳正要》，也记载了不少回族菜肴，其中多羊馔。明代记载回族菜肴的书籍有《事物绀珠》等。

　　清真菜是北京菜系的重要组成部分。自元代以来，受兄弟民族影响，北京人多喜食羊肉，早在乾隆年间，就出现了著名的全羊席，可用羊的各个部位做出多种美味佳肴，有汤、羹、膏等，有甜味、咸味、辣味、椒盐味，或烤或涮，或煮或烹，或煎或炸，使烹羊技术达到了一个高峰。清末民初的文兴堂、又一村、两益轩、同和轩、西域馆、庆宴楼、东来顺、西来顺、又一顺等，都是清真馆中的佼佼者。直到现在，清真菜在北京仍然有很大的影响，深受回、汉各族人民的欢迎。大体上可以说，到了清末，以宫廷菜、官府菜、清真菜和改进了的山东菜为四大支柱的北京菜系便已基本形成了。清真风味的名餐馆众多，久负盛名的有东来顺、鸿宾楼。所谓苏菜，是由淮扬、金陵、苏锡、徐海等四大地方风味形成。其中金陵以南京为中心，清真菜即在其中，而且有独到之处，有松鼠鱼、美人肝、蛋烧麦、凤尾虾四大名菜。

5.2　清真餐饮集聚区代表名菜赏析

一、手抓羊肉

（一）文化赏析

《说文》中说："羊，祥也。"《周礼·夏官·羊人》记："羊人掌羊牲，凡祭祀，饰羔。"羊在古时被赋予吉祥的象征并成为重要的祭祀食品。《本草纲目》中也说，羊肉是大补之物，能比人参、黄芪。

手抓羊肉（见彩图32）源远流长，是生活在我国西北的蒙族、藏族、回族、维吾尔族等民族喜爱的传统食物，在日常生活中必不可少。这与他们恶劣的生活环境和独特的生活习惯有很大的关系。外出游牧，数月不归，而羊肉却有饱食一顿，使人整天不觉饿之功效。

中国的许多省市都有自己闻名于世的菜系或名吃，如京菜、鲁菜、川菜、粤菜等。就羊肉系列而言，北京有涮羊肉，陕西有羊肉泡馍，新疆有烤羊肉串，内蒙古有烤全羊。在甘肃，东乡族的手抓羊肉是名菜，深受人们的喜爱。好客的东乡人，生活再穷再简单，每逢佳节或宾客临门，待客最隆重的仪式便是宰羊，手抓羊肉在宴席上是必不可少的。上手抓羊肉和吃手抓羊肉也非常讲究。要将带骨羊肉剁成二指宽的长条或块状，放入大盘之内，众人围坐而食之。胸茬和肋条肉最为鲜美，也最为珍贵，先要敬呈给贵客和最年长者品尝。从历史上看，这里一直是少数民族聚居的地方，在饮食上，至今遗风尚存。

在漫长的岁月中，手抓羊肉原本只在西北少数民族聚居的高原和草原的帐篷间被牧民们食用，城市里极少见。手抓羊肉真正成为驰名全国的美味是20多年前的事。据说，有一位颇有胆识的东乡人率先在临夏市一条偏僻的小巷子里挂起了"东乡手抓羊肉"的牌子。一时间，手抓羊肉的香味四处飘溢到了周邻各县，后又风靡了兰州、西宁、银川、乌鲁木齐、呼和浩特等城市。

（二）用料与烹调

【原料】带骨的羊腰窝肉1千克，香菜50克，葱30克，姜丝30克，蒜末20克，大料10克，花椒、桂皮各10克，小茴香8克，胡椒粉6克，醋12克，绍酒15克，味精9克，精盐3克，芝麻油20克，辣椒油30克。

【制法】1. 将羊腰窝肉剁成长约7厘米、宽约1.57厘米的块，用水洗净。香菜去跟洗净消毒，切成长3厘米的段。取20克葱切成长约3厘米的段、10克葱切末。

2. 把葱末、蒜末、香菜、酱油、味精、胡椒粉、芝麻油、辣椒油等兑成调料汁；

3. 锅内倒入清水1千克，放入羊肉在旺火上烧开后，撇去浮沫，把肉捞出洗净。接着，再换清水1.5千克烧开，放入羊肉、大料、花椒、小茴香、桂皮、葱段、姜片、绍酒和精盐。待汤再烧开后，盖上锅盖，移在微火上煮到肉烂为止。将肉捞出，盛在盘内，蘸着调料汁吃。

（三）菜品特点

肉极软烂，味酸、辣、鲜、香。

（四）营养标签（以100克为例）

菜肴主料	蛋白质/克	脂肪/克	糖类/克	热量/千卡	钙/毫克	磷/毫克	铁/毫克
羊肉	18.6	3.2	1.6	110	7	181	2.4

（五）思考与练习

1．如何巧除羊肉的腥味？

2．如何运用火候，将羊肉制成软烂的效果？

二、大 漠 羊 腿

（一）文化赏析

　　大漠羊腿（见彩图33）选用海拔2000米以上纯净无污染的、天然牧场中具有药用作用的阿勒泰羯羊羔。此羊素有"走的是黄金路（此地盛产黄金），吃的是中草药，喝的是矿泉水"之称，此羊肉性温热，补气补血、暖中补虚、开胃健力，含有人体必需的多种维生素、蛋白质、氨基酸以及铁、钙、磷、锌等矿质元素。

　　大漠羊腿采用古老工艺特殊配方，结合现代食品加工技术而成，外表金黄香脆，内部鲜嫩可口，无膻味，营养价值高。

（二）用料与烹调

【原料】上等前羊腿1.5千克。A组：盐25克，酱油50克，鸡粉5克。B组：小茴香5克，孜然5克，丁香0.5克，花椒25克，八角0.5克，香叶0.5克，干辣椒5克，姜汁酒5克，生姜10克，葱15克。高汤250克，卤水1.5千克。

【制法】1．羊腿肉剞花刀，放入炒好的花椒盐（袋装精盐炒至微黄，入洗净花椒粒煸炒出香即可，盐与花椒比例为3∶1）20克、姜、葱、干辣椒、姜汁酒、水1千克腌渍三小时备用。

　　　　2．羊腿切成长5厘米、厚1厘米的片；将B组调料飞水后，加少许花生油小火炒香，装入料包放入高汤内煲制1小时，放入A组中调味备用。

　　　　3．将腌制好的羊腿放入冷水锅内，烧开氽透，冲凉后，入调制好的卤汤大火烧开，小火煲制2小时左右。

　　　　4．锅内下油，烧至六成热时，下入切好的羊腿肉炸两分钟左右捞出，待油温升至八成热时第2次复炸，至羊肉表皮略干，捞出沥油，装盘即可。

　　注：根据本地习俗，上桌时可与蒜片、自制椒盐粉（将孜然粉20克、花椒面10克、辣椒粉10克、盐0.5克、鸡粉2克、味精1克拌匀）佐食。

（三）菜品特点

色泽红亮，口感干香。

（四）营养标签（以100克为例）

菜肴主料	蛋白质/克	脂肪/克	糖类/克	热量/千卡	钙/毫克	磷/毫克	铁/毫克
羊肉	18.6	3.2	1.6	110	7	181	2.4

（五）思考与练习

1．制作此菜肴有哪些注意点？

2．由此菜肴烹调方法还可以派生哪些菜肴？

3．查阅历史文献、找出关于大漠羊腿的历史典故。

三、蜜枣羊肉

（一）文化赏析

蜜枣羊肉是湖北随州的乡土名菜，问世已有两百余年。这种医食结合的肴馔，常在冬季享用，具有大补功效。随州蜜枣是湖北十大名产之一，以晶莹透亮、体肉丰厚、香甜可口、甘美如饴而负盛名。乾隆年间，由随州安居镇人胡凌兴创制的金丝蜜枣就已成为贡品，乾隆皇帝称赞说"随州蜜枣似仙桃"。蜜枣还有补血调胃的功用，受到医家推崇。随州地处丘陵，野生草木繁盛，养殖山羊也有悠久的历史。这里的羊体小、肉嫩，膻味较小，有助元阳、补精血、疗肺虚、益劳损的功能，也系食中良药。蜜枣与羊肉同烧，红润油亮，咸鲜可口，蜜枣健脾，羊肉补肾。脾为先天之本，肾为后天之本，先天后天同补，既是美味佳肴，又是滋补上品。

（二）用料与烹调

【原料】净羊肉500克，葱末10克，蜜枣16枚，姜末10克，黄酒15克，辣椒粉5克，精盐10克，白糖15克，味精2克，湿淀粉30克。

【制法】1．将净羊肉切成2厘米见方的小块，在沸水中煮3分钟除掉腥膻异味。炒锅置旺火上，下油烧热，放入肉块翻炒，随下黄酒、精盐、葱末、姜末和辣椒粉少许，待到羊肉收缩时，倒入汤烹烧，再下适量的白糖、黄酒、葱段和味精，直到汤汁浓缩时起锅。

　　　　2．取大碗1个，将16枚蜜枣摆入碗底，把烹烧上味的羊肉堆装在上面，入笼用旺火蒸1.5小时，再扣入大汤盘中，周围用厚蛋白皮酿成花环，中间浇上汤芡即成。

（三）菜品特点

红润油亮，咸鲜可口，蜜枣健脾，羊肉补肾。

（四）营养标签（以100克为例）

菜肴主料	蛋白质／克	脂肪／克	糖类／克	热量／千卡	钙／毫克	磷／毫克	铁／毫克
羊肉	19	14.1	2	203	6	146	2.3

（五）思考与练习

1．制作此菜肴有哪些注意点？

2．由此菜肴烹调方法还可以派生哪些菜肴？

四、烤　全　羊

（一）文化赏析

　　烤全羊是新疆各民族老百姓常食用的菜肴，在赛马节、巴扎（新疆民族特色的商品贸易交流会）上以及年节夜市里，常常有巴郎（维吾尔族小伙子）叫卖烤全羊。烤全羊既可整只出售，又可切分零售，深受各族消费者青睐。

　　烤全羊是新疆人民招待外宾和贵客的传统名肴，也是当下全国多地人们非常喜爱的食品。

　　新疆阿勒泰羊是哈萨克羊的一个分支，在生物学分类上属于肥臀羊，其肉质肌美鲜嫩而无膻味。新疆和内蒙古烤制所选用的哈萨克羊或绵羊等品种的羔羊坯因地域差异而口味不同。相比较而言从当地饮食口味的适从性和原料采集当地化来说，中原烤全羊以中原大地特产槐山羊、青山羊的羔羊坯烤制的羊为宜。其中槐山羊产于沈丘县槐店方圆，以槐店为集散地而得名，后遍布整个豫东平原，其体型中等，毛短而密，性早熟，繁殖快，善采食，耐粗饲，喜干厌潮，擅登高，爱角斗，易于放养和喂养。槐山羊多瘦肉少脂肪，不肥不腻，膻味小，煮汤烹调适口，以槐山羊肉制成的槐店东关熏羊肉，是远近闻名的美食珍品。

　　烤全羊之所以如此驰名，除了它的选料考究外，还有就是它别具特色的制法。新疆羊肉质地鲜嫩无膻味，国际国内肉食市场上享有盛誉。技术高超的厨师选用上好的两岁阿勒泰羯羊，宰杀剥皮，去头、蹄、内脏，用一头穿有大铁钉的木棍，将羊从头至尾穿上，羊脖子卡在铁钉上。再用蛋黄、盐水、姜黄、孜然粉、胡椒粉、上等白面粉等调成糊。全羊抹上调好的糊汁，头部朝下放入炽热的馕坑中。盖严坑口，用湿布密封，焖烤1小时左右，揭盖观察，木棍靠肉处呈白色，全羊成金黄色，取出即成。

（二）用料与烹调

　　【原料】阿勒泰羯羊一只，胴体重量为10～15千克。每只羊需要鸡蛋2500克，姜黄25克，富强面粉（精白面粉）150克，食盐500克，胡椒粉和孜然粉（亦称安息茴香，是新疆特产的一种芳香味调味料）适量。

　　【制法】1．将羊宰杀，用80～90摄氏度的开水烧烫全身，趁热煺净毛，取出内脏，刮洗干净，然后在羊的腹腔内和后腿内侧肉厚的地方用刀割若干小口。

　　　　　　2．羊腹内放入葱段、姜片、花椒、大料、小茴香末，并用精盐搓擦入味，羊腿内侧的刀口处，用调料和盐入味。

3. 将羊尾用铁签别入腹内，胸部朝上，四肢用铁钩挂住皮面，刷上酱油、糖色，略晾，再刷上香油。

4. 将全羊腹朝上挂入提前烧热的烤炉内，将炉口用铁锅盖严，并用黄泥封好，在炉的下面备一铁盒，用来盛装烘烤时流出的羊油，3～4小时后，待羊皮烤至黄红酥脆，肉质嫩熟时取出。

5. 食用时先将整羊卧放于特制的木盘内，羊角系上红绸布，抬至餐室请宾客欣赏后，由厨师将羊皮剥下切成条装盘，再将羊肉割下切成厚片，羊骨剁成大块分别装盘，配以葱段、蒜泥、面酱、荷叶饼并随带蒙古刀上桌。

（三）菜品特点

色泽黄红油亮，皮脆肉嫩，肥而不腻，酥香可口，别具风味。

（四）营养标签（以100克为例）

菜肴主料	蛋白质／克	脂肪／克	糖类／克	热量／千卡	钙／毫克	磷／毫克	铁／毫克
羊肉	18.6	3.2	1.6	110	7	181	2.4

（五）思考与练习

1. 制作此菜肴有哪些关键点？
2. 查阅资料，此菜肴还有哪些传统制作方法？

五、烧千里风

（一）文化赏析

羊耳，皮包脆骨构成，可整用，亦单用耳尖、中段或根部。烹前须刮净小毛，耳根部拉一刀，入清水锅煮透供用。名菜如天津"氽千里风"，河南"芫烹千里风"，陕西"烩千里风"，清真菜"双凤翠"（羊耳中段制）、"迎风扇"（羊耳尖制）、"龙门角"（羊耳根制）。羊耳还可切丝拌、炝或制汤菜。

（二）用料与烹调

【原料】羊耳200克，冬笋50克，牛奶100克，味精2克，黄酒10克，姜汁10克，淀粉（玉米）20克，鸡油25克，盐2克。

【制法】1. 将羊耳洗净与冬笋分别切成细丝。

2. 羊耳、冬笋用开水烫透，放清水中洗涤。

3. 炒锅上火，加入鸡汤、精盐、黄酒、姜汁，放入冬笋、羊耳烧开；

4. 撇去浮沫，调入味精、牛奶，用水淀粉勾成浓汁，淋入鸡油，出锅盛入深汤盘内。

（三）菜品特点

色泽黄红、油亮，皮脆肉嫩，肥而不腻，酥香可口，别具风味。

（四）营养标签（以100克为例）

菜肴主料	蛋白质/克	脂肪/克	糖类/克	热量/千卡	钙/毫克	磷/毫克	铁/毫克
羊耳	16	3	2	109	20	145	2.3

（五）思考与练习

1．烧制羊耳如何进行初加工？

2．如何使用牛奶制作此菜？

六、扣 麒 麟 顶

（一）文化赏析

　　扣麒麟顶为全羊席之首菜，其文字记载最早见于清代著名文学家美食家袁枚的《随园食单》："全羊之法有七十二种，可吃者，不过十八九种而已，此屠龙之技家厨难当，一盘一碗虽全是羊肉，而味各不同。"另在民国五年，徐珂编撰的《清稗类钞》中之饮食类、全羊类记载"清江庵人善治羊、如没盛筵，可用羊之全体为之、蒸之、煮之、炮之……品味各异，吃称一百有八品者，谓之全羊席。"

（二）用料与烹调

【原料】羊头4只、花生油750克（使用58克）、葱30克、蒜苗50克、花椒、八角、姜适量，胡椒粉若干。

【制法】1．选白毛羊头一个，烫毛刮洗干净后，入开水锅中煮熟捞出。拆掉头骨时，要注意保持羊脸和下颏肉原形的完整；取出羊舌，剥去舌皮；将羊脸肉用酱油上色入味。

　　　　2．炒锅放入花生油750克，烧至8成热，将羊脸肉炸至金黄色，倒入漏勺沥净油。将炸好的羊脸面皮朝下放在案板上，用刀将皮里肉切成3/4的深度，剞成像眼块状（注意勿切透）；将下颏肉和羊舌切成坡刀片（保持原形，不要错乱）。将羊脸肉皮面朝下照原形整齐平展地装在碗底；羊眼（挖掉黑眼珠）放在眼窝内，羊舌片按原形放在羊脸肉上面，再将下颏肉按原形压在羊嘴周围，仍成为完整的羊头形状，零散的碎羊头肉均匀地放在肉碗内。

　　　　3．葱切段、蒜切片、姜拍松和八角同放在肉碗上面，上笼用旺火蒸烂（约需4小时）后取出，拣去葱、姜、八角，原汤滗放炒锅内，将羊头完整地翻扣在凹盘内，使羊脸压在下颏上。

　　　　4．原汤加入鲜汤少许，调入胡椒粉，用水淀粉勾芡，淋入芝麻油，浇在盘内羊头上，将一缕香菜的根插入羊嘴，梢部露在嘴外即成。

（三）成品特点

颜色金黄，头形完整，醇香鲜美，软烂适口。

（四）营养标签（以100克为例）

菜肴主料	蛋白质/克	脂肪/克	糖类/克	热量/千卡	钙/毫克	磷/毫克	铁/毫克
羊肉	21.3	4.6	2	135	8	157	2.9

（五）思考与练习

1．此菜的制作要领是什么？
2．详叙"扣麒麟顶"的历史典故。
3．查阅历史文献写出"全羊席"菜单。

名点

赏析篇

单元六

辣文化餐饮集聚区名点赏析

单元目标

★ 通过学习对辣文化餐饮集聚区名点特点有所了解。

★ 掌握辣文化集聚区代表名点制作方法、名点特点及饮食文化相关内容。

★ 熟知代表名点的历史文化及典故来源，掌握每道名点的制作方法与制作关键。

单元介绍

本单元介绍辣文化集聚区代表名点，从名点概述、文化赏析、用料与烹调、名点特点、营养标签与思考练习六个方面着手，恰到好处的将代表名点的历史文化、烹饪工艺与营养成分三大主要模块进行有机统一，从而有效的将学生从单一技能型向综合素质型转变。

6.1　辣文化餐饮集聚区名点概述

中国的辣文化源远流长，随着数百年前辣椒传入中国，人们对食辣的嗜好已深入人心。辣文化在中华大地上的表现形式各有不同，各地在辣菜烹饪、味型、调味等方面积累了大量的经验。中国辣文化美食节，体现中华饮食文化的博大精深和烹饪技艺的日新月异，将吃辣的文化开始集中摆上了桌面，就辣文化的历史、习俗、现状、发展等进行探讨。细心的人们可以发现，数年来在街头巷尾，辣味饮食也开枝散叶、成行成市，有十几元就能吃得心满意足的川、湘、赣菜小炒，也有中高档的香辣蟹、麻辣火锅等。

"辣味儿"融进主流饮食市场，随着川菜、湘菜、赣菜、东北菜这些菜系的不断渗透，这些散落在城市各个角落的餐馆逐渐成为来自各个省市不同阶层人员会朋交友，品尝家乡美食的较佳场所。在日益融合的交往中，本地人也不自觉地融进这种饮食环境之中，尝外地饮食之鲜、宴请外省朋友，人们越来越留意这些风格不一的餐馆。随着外地饮食文化和本地文化的交融，外地餐饮企业也逐渐融进主流饮食市场。

随着经济的发展，人们更加注重生活上的享受，除了注重清淡鲜美的本地菜，红火的日子怎会忽略火红的辣味儿。眼下在大量的美食城，一溜的川菜、湘菜馆子让人目不暇接，这些是找辣吃的好去处，不管你是否对辣椒上瘾，能冒着汗、闷头开吃也是勇气的表现。其中最闻名的是麻辣火锅，俗话说，热当三分鲜，火锅随时都是烫的，而且场面热闹，自烫自食，丰俭由人，所以深受各地都市人的欢迎。麻辣火锅之所以红遍大江南北，是因为它特有的饮食文化。

著名点心有：龙抄手、都督烧麦、韩包子、蛋烘糕、萝卜酥饼、过桥米线、淋浆包子、赖汤团、遵义羊肉粉。

6.2　辣文化餐饮集聚区代表名点赏析

一、龙　抄　手

（一）文化赏析

龙抄手（见彩图 35）创始于 20 世纪 40 年代，当时春熙路"浓花茶社"的张光武等几位伙计商量合资开一个抄手店，取店名时就谐"浓"字音，也取"龙凤呈祥"之意，定名为"龙抄手"。龙抄手的主要特色是皮薄、馅嫩、汤鲜。抄手皮用的是特级面粉加少许配料，细搓慢揉，擀制成"薄如纸、细如绸"的半透明状。肉馅细嫩滑爽，香醇可口。龙抄手的原汤是用鸡、鸭和猪身上几个部位肉，经猛炖慢煨而成。原汤即白、又浓、又香。

抄手，北方多称为馄饨（亦作餫饨），山东有的地方称馎饦，广东则称之为包面、云吞。馄饨原是民间用来祭祀的食品。宋代《武林旧事》中记载："享先则以馄饨，有'冬馄饨，年馎饦'之谚。贵家求奇，一器凡十余色，谓之'百味馎饦'"。其实，南宋以后，馄饨早已传入市肆，是当时的美点之一。北齐颜之推说："今之馄饨，形如偃月，天下通食也"。南宋的《梦粱录》、明代的《长安客话》以及清代的许多历史笔记对馄饨都有记载。

此类小吃，无论南北东西，全国皆有名食，如天津的锤鸡馄饨、湖州的大馄饨、绍兴的虾肉蒸馄饨、无锡的王兴记馄饨、广州的鱼肉云吞、四川的成都龙抄手、重庆的吴抄手、温江的程抄手、内江的鸡茸抄手、万县的海包面等，知名度均相当高。

成都龙抄手于1941年开业于悦来场，50年代迁新集场，60年代以后迁春熙路南段至今。据传，开办前张光武等几位股东集于"浓花茶园"，商议办抄手店事宜。议到店名，有人提出借用浓花茶社"浓"字的谐音"龙"，以祈吉祥。并说，吾辈乃龙的传人，中华子子孙孙无穷尽矣，我们的事业也会代代相传，永远昌盛。张光武等人一致表示赞成，认为龙抄手无论辅以红汤、清汤或是奶汤，有水，这条龙定会活起来，一代名小吃"龙抄手"就这样诞生了。

当时，抄手在成都多有店铺销售，要想生意做得活，做得好，首先要讲究质量和特色。据说，张光武等股东很注意汲取前人的经验。当时，曾有人向他们介绍：古时候做抄手要讲究两点，一是汤要清。唐代段成式的《酉阳杂俎》说："今衣冠家名食，有萧家馄饨，漉去肥汤，可以瀹茗。"清代袁枚《随园食单》也说："小馄饨，小姑龙眼，用鸡汤下之。"邓之诚先生在注解《东京梦华录》中也提及："唯馄饨只一种，亦贵清汤。昔年都中致美斋馄饨汤，可燕以写字。"二是馅要细。元代倪瓒的《云林堂饮食制度集》记有一煮馄饨法："细切肉臊子，入笋米或茭白、韭菜、藤花皆可，以川椒杏仁酱少许和匀裹之，皮子略厚小，切方，再以真粉末擀薄用。下汤煮时，用极沸汤打转之。不要盖，待浮便起，不可再搅。馅中不可用砂仁，用只嗳气。"龙抄手汲取了这两点经验，讲究汤清馅细，除此以外还特别注意制皮薄，和面时加入适量鸡蛋，食起来面皮具韧性有嚼头。为了使馅心细嫩，采用纯猪肉，加水制成水打馅。另据四川的特点，配以清汤，清汤有红油、海味、炖鸡、酸辣、原汤等多种味别。

当年龙抄手餐厅兼营玻璃烧麦、汉阳鸡等品种。虽是名小吃餐厅，销售量大，但由于品种不多，效益也就不太显著。党的十一届三中全会以后，龙抄手也进行了改革，他们将各类名小吃组合起来，以套餐的形式销售，即使顾客能同时品味多种不同风味的小吃，又发挥了集合优势，取得了较好的效益。餐厅又推出了中、高档的风味小吃宴席。二楼以中等价格，即可吃上一顿丰富的小吃筵席，喜气又热闹、实惠。三楼餐厅具有中西合壁式的装饰，园林式的大厅，厅中的雅间更是格调不凡，传统乐器为食客伴奏，古风中含有现代气息。虽档次较高，但菜点精致，环境典雅，文化气氛浓，食客们仍乐于光顾。

该餐厅无论中、高档席，都是以龙抄手为龙头，以小吃为中心，配以冷热菜。如果你仅仅想品尝抄手或小吃，即可光顾一楼餐厅，6元钱，便可吃上一份套餐，方便不亚于美国的麦克唐纳快餐。

（二）用料与烹调

【原料】精粉500克，猪腿肉500克，面粉、肉汤、胡椒面、味精、姜、香油、盐、鸡油各适量，鸡蛋 2 个。

【制法】1. 把面粉放案板上呈"凹"形，放盐少许，磕入鸡蛋 1 个，再加清水调匀，揉成
 面团。再用擀面杖擀成纸一样薄的面片，切成 110 张四指见方的抄手皮备用。

2. 将肥三瘦七比例的猪肉用刀背捶蓉去筋，剁细成泥，加入川盐、姜汁、鸡蛋 1
 个、胡椒面、味精，调匀，掺入适量清水，搅成干糊状，加香油，拌匀，制成
 馅心备用。

3. 将馅心包入皮中，对叠成三角形，再把左右角向中间叠起粘合，成菱角形抄手
 坯。然后将其煮熟，火候要恰到好处，不要煮久，易爆。

4. 用碗分别放入川盐、胡椒、味精、鸡油和原汤，捞入煮熟的抄手即成。

（三）成品特点

皮薄、馅嫩、汤鲜，别具风味。

（四）营养标签（以100克为例）

名点主馅料	蛋白质 / 克	脂肪 / 克	糖类 / 克	热量 / 千卡	钙 / 毫克	磷 / 毫克	铁 / 毫克
猪肉	20.2	7.9	0.7	155	6	184	1.5

（五）思考与练习

1. 龙抄手制作的注意点有哪些？
2. 此点心还可以用哪些馅心制作？
3. 简述"龙抄手"历史典故。

二、都 督 烧 麦

（一）文化赏析

都督烧麦（见彩图 36）起源于昆明附近宜良城的小吃，已有近百年历史。辛亥革命时期，宜良人祝可清开设兴盛园，尤以烧麦驰名。此店门庭若市，供不应求。老板灵机一动，想出一个办法，凡需烧麦每人只卖三个。这从心理上增加了顾客的好奇，慕名而来者络绎不绝。话说一日，有位老者慕名前来品尝，吃后还要，店里就是不卖。他就问："都督来吃也只卖三个？"祝氏答："即使都督驾到，也只卖三个。"数日后方知，前来食烧麦的老者便是都督——唐继尧，都督烧麦由此得名。我国各地烧麦制法颇多，风味各异。而都督烧麦的制作别具一格。首先，皮坯是用面粉加鸡蛋用热油汤合成面团。热油汤是用猪、鸡的骨头熬制的鲜汤，油重汤鲜，合制面团后擀出的皮坯，自然味道要好，且软糯回甜。再则就是都督烧麦的馅心非常讲究，是用生馅与熟馅调合而成，既有北方面点馅的鲜嫩特点又有南方食熟馅的香醇适口，充分体现了云南菜结合南北烹饪技巧的特点。馅由鲜猪肉末、熟猪肉丁加鸡蛋、水发冬菇、冬笋、干贝、肉皮冻等精心调制而成。包制时要求薄皮大馅，馅心约占质量的百分之九十左右。烧麦外形上要拢口，不像外地烧麦要翻荷叶状的边，要呈长石榴花形才对。入笼蒸熟装盘，连同用

醋、油辣椒、芝麻油、石酱油、味精、芫荽末等兑好的蘸料一起上桌。

（二）用料与烹调

【原料】 面粉 2 千克，鲜猪肉 320 克，熟猪油 600 克，熟猪肉皮 120 克，鸡蛋 5 个，水发笋丝、火腿丁各 60 克，冬菇 20 克，干淀粉 160 克，精盐 20 克，味精、胡椒面、白糖各 4 克，猪油 80 克，葱花 30 克，陈醋 150 克，辣椒油、香菜末各 50 克，芝麻油 10 克，油汤 100 毫升。

【制法】 1．在面粉内加鸡蛋，油汤合拌揉匀成面团，揪成面剂（32 克），拍上淀粉，擀成烧麦皮。笋丝焯熟切末，冬菇切成细丝。

2．鲜猪肉剁成末，熟猪肉、肉皮剁成粒，三者拌合，加入笋丝末、火腿丁、冬菇丝、葱花、盐、味精、胡椒、猪油拌匀成馅心。

3．用面皮包入馅心，捏成长石榴花状，入笼蒸熟装盘。连同用醋、白糖、油辣椒、麻油、香菜末兑成的汁水一起上桌，用烧麦蘸吃。

（三）成品特点

皮薄、馅嫩、汤鲜，别具风味。

（四）营养标签（以100克为例）

名点主馅料	蛋白质／克	脂肪／克	糖类／克	热量／千卡	钙／毫克	磷／毫克	铁／毫克
猪肉	20.2	7.9	0.7	155	6	184	1.5

（五）思考与练习

1．都督烧麦制作的注意点有哪些？

2．在蒸制时，如何做才使面皮里没有生面？

三、韩 包 子

（一）文化赏析

成都名小吃韩包子（见彩图 37）从创业至今已有八十多年的历史。1914 年温江人韩玉隆在成都南打金街开设"玉隆园面食店"，因其包子的味道格外鲜美而在成都站稳了脚跟。韩玉隆辞世后，其子韩文华接管经营，他在包子的做法上精心探索、实践，创制出"南虾包子"、"火腿包子"、"鲜肉包子"等品种，在成都饮食行道一炮打响，名声不胫而走。后来韩文华干脆专营包子，并将其店名更换为"韩包子"，生意越做越红火。从 20 世纪 50 年代初至今，韩包子在成都、四川乃至全国，一直享有经久不衰 的声誉。一位外地游客曾在留言簿上写道："北有狗不理，南有韩包子，韩包子价廉物更美"

全国著名书法家徐无闻先生生前撰写对联一副赞韩包子："韩包子无人不喜，非一般馅美汤鲜，知他怎做？成都味有此方全，真落得香回口畅，赚我频来。"形象地描绘出韩包子的特色和它在成都名小吃中的地位，以及食客在品尝时的欢悦心情。 韩文华已逝世多年，为保持韩包子的传统风味特色，长期以来在包子制作过程由韩包子传人即韩文华亲自带出的具有高、中级面点技术职称的厨师王永华、林善涛等主理，严格掌握用料比例和操作程序。首先，选用上等面粉（精白粉）加猪板化油、白糖和面做成包子皮。其次，馅心按不同口味进行调配。如鲜肉包子选用半肥瘦的夹肉剁细，分一半在锅中起酥后再与另一半鲜肉合在一起并配以上等酱油、椒粉、姜汁、川椒粉、黄酒、味精、鸡汤等 10 余种调料拌匀而成。火腿包子馅心所用的火煺非市场上买的，而是该店精心腌制的，待火腿腌熟后剁成细末，与剁细的鲜猪肉、调料拌匀方可。由于用料考究，精心制作，所以韩包子具有皮薄色白、花纹清晰、馅心细嫩、松软化渣、鲜香可口等特点，其色、香、味、形俱佳。

（二）用料与烹调

【原料】 特级面粉 450 克，老酵面 50 克，半肥瘦猪肉 400 克，鲜虾仁 150 克，化猪油 15 克，小苏打 5 克，鲜浓鸡汁 150 克，精盐 2 克，酱油 45 克，白糖 25 克，胡椒粉 1 克，味精 2 克（制 20 个）。

【制法】 1．制面料。将面粉中加入酵面浆和清水匀发酵，当发酵适当后，加入小苏打揉匀，再加入白糖、化猪油反复揉匀，然后用湿布盖好静置约 20 分钟待用。

2．制馅。猪肉切成米粒大小，鲜虾仁洗净剁细，与肉粒一起放入盆内，加精盐、酱油、胡椒粉、味精、鸡汁拌和均匀即成馅心。

3．成型成熟。将已饧好的发酵面团搓揉光滑，搓成直径 3.3 厘米的圆条，扯成剂子 20 个。洒上少许扑粉。取剂子一个用手掌压成圆皮，包入馅心（约 38 克），捏成细皱纹，围住馅心，馅心上部裸露其外，置于笼中。用旺火沸水蒸约 15 分钟即熟。

注意事项：馅心易散，包制困难。调制馅心的鸡汁，应晾冷后使用，这时馅心凝聚力强一些，包制就不会产生较大困难。如遇夏天温度高，还可将调制好的馅心，放入冰箱保鲜室稍降温，这样包制就容易得多了。调制包子的面团一般应比调制馒头的面团软一些，这样口感就会滋润些，也有利于包制时造型。

（三）成品特点

皮薄色白，花纹清晰，馅心细嫩，松软化渣，鲜香可口，其色、香、味、形俱佳。

（四）营养标签（以100克为例）

名点主馅料	蛋白质/克	脂肪/克	糖类/克	热量/千卡	钙/毫克	磷/毫克	铁/毫克
猪肉	20.2	7.9	0.7	155	6	184	1.5

（五）思考与练习

1．制作韩包子时如何熬制猪油？

2．韩包子蒸制时要注意哪些？

3．简述韩包子的历史文化？

四、蛋 烘 糕

（一）文化赏析

清代道光年间，成都文庙街石室书院（现汉文翁石室，成都石室中学）旁一位姓师的老汉由小孩办"姑姑筵"中得到启发，遂用鸡蛋、发酵过的面粉加适量红糖调匀，在平锅上烘煎而成。因吃起来酥嫩爽口，口感特别好，遂成成都名小吃。

蛋烘糕（见彩图 38）本是成都走街串巷、现烘现卖、挑担销售、名副其实的名小吃，已有百年以上的历史了。许多名小吃店都有制作，但仍有许多小贩，挑担销售。此点心香喷喷、金灿灿，绵软滋润，营养丰富，老少皆宜。而今，一些餐厅常以套餐的形式销售，筵席上也常以之作为中点改换情趣。如龙抄手餐厅的双味蛋烘糕与银耳羹同上，在筵宴高潮中出现，经常引起食客们的交口称赞。在 1990 年成都市市政府组织评定中，龙抄手餐厅双味蛋烘糕和成都名小吃店的甜、咸蛋烘糕，均获"成都市名小吃"的称号。蛋烘糕常见的馅心有芝麻、仁锦、八宝、水晶、蜜枣、鲜肉榨菜、金钩、蟹黄、火腿等。

（二）用料与烹调

蛋烘糕（甜）

【原料】精粉 500 克，鸡蛋 250 克，白糖 300 克，红糖 50 克，蜜瓜砖 50 克，橘饼 50 克，蜜樱桃 25 克，蜜玫瑰 20 克，熟芝麻、熟花生仁、熟黑桃仁各 50 克，化猪油 50 克，酵母面 50 克，水、苏打各适量。

【制法】1. 将面粉放入盆内，在面中放入用蛋液、白糖 200 克和红糖化成的水，用手从一个方向搅成稠糊状，半小时后再放入酵母面与适量的苏打粉。

2. 将花生仁、芝麻、桃仁擀压成面，与白糖和各种蜜饯（切成细颗粒）拌和均匀，制成甜馅。

3. 将专用的烘糕锅（或平底锅）放火上，待锅热后，将调好的面浆舀入锅中，用盖盖上烘制。待面中间干后，放入 1 克化猪油，再放入 4 克调制好的甜馅，最后用夹子将锅中的糕的一边提起，将糕夹折成半圆形，再翻面烤成金黄色即成。

蛋烘糕（咸）

【原料】精粉 500 克，鸡蛋 250 克，白糖 300 克，猪肥瘦肉 250 克，化猪油 200 克，榨菜 200 克，盐、豆油、黄酒、味精、胡椒粉各适量。

【制法】1. 将肉切成细颗粒，榨菜洗后也切成细颗粒。将锅烧热，下肉炒散，下盐、豆油、黄酒，最后放入剁细的榨菜、味精、胡椒粉，稍炒，起锅制成咸馅。

2. 面浆与烘制方法与甜馅蛋烘糕相同。

现在除传统的两种馅料外，常用的馅还有奶油、沙拉酱、果酱、肉松、芽菜、大头菜等，可根据自己的口味搭配不同的馅料。

制糕坯液

将面粉倒入陶盆内。红糖用开水化成汁，滤去杂质，倒入面粉中。鸡蛋打破，蛋液倒入糖水中，勿粘干面粉。然后用木棒搅拌均匀，再加苏打（先用水调过），继续搅拌成面糊状，静置。

（三）成品特点

香喷喷、金灿灿，绵软滋润，营养丰富，老少皆宜。

（四）营养标签（以100克为例）

名点主馅料	蛋白质／克	脂肪／克	糖类／克	热量／千卡	钙／毫克	磷／毫克	铁／毫克
鸡蛋	13.3	8.8	2.8	144	56	130	2

（五）思考与练习

1．蛋烘糕如何包馅烘烤?

2．蛋烘糕制糕坯液时应注意哪些?

五、萝卜酥饼

（一）文化赏析

"冬日萝卜夏日姜"。此"冬日萝卜"的萝卜，其实并不是胡萝卜、花心萝卜，而是特指白萝卜。

萝卜又名莱菔、菜头（多见于方言，如海丰话），属植物界、十字花科、萝卜属。萝卜一般进行有性生殖；至于无性生殖，理论上是可以的。一或二年生草本。根肉质，长圆形、球形或圆锥形，根皮红色、绿色、白色、粉红色或紫色。茎直立，粗壮，圆柱形，中空，自基部分枝。基生叶及茎下部叶有长柄，通常大头羽状分裂，被粗毛，侧裂片1～3对，边缘有锯齿或缺刻；茎中、上部叶长圆形至披针形，向上渐变小，不裂或稍分裂，不抱茎。总状花序，顶生及腋生。花淡粉红色或白色。长角果，不开裂，近圆锥形，直或稍弯，种子间缢缩呈串珠状，先端具长喙，喙长2.5～5厘米，果壁海绵质。种子1～6粒，红褐色，圆形，有细网纹。原产我国，各地均有栽培，品种极多，常见有胡萝卜、青萝卜、白萝卜、水萝卜和心里美等。根供食用，为我国主要蔬菜之一；种子含油42%，可用于制肥皂或作润滑油。种子、鲜根、叶均可入药，有下气消积功能。生萝卜含淀粉酶，能助消化。我们食用的部分是根系，主要根群分布在20～45厘米的土层中。萝卜的肉质根是同化产物的贮藏器官，皮色有白色、粉红色、紫红色、青绿色等；苏联和法国还有黑皮萝卜。肉有白色、青绿色、紫红色等。萝卜营养生长期叶丛生于短缩茎上。叶形上有板叶（枇杷叶）与花叶（大类羽状全裂叶）之分。叶色有淡绿、浓绿、亮绿、黑绿之分。叶丛有直立、半直立和平展等方式。萝卜植株通过阶段发育后，由顶芽抽生的花茎为主茎，各白萝卜花多为白色或淡紫红色，青萝卜的花多为紫色，而胡萝卜的花多为白色。萝卜果实为角果，成熟后不开裂，每果有种子3～10粒，脱粒较费工。一般种皮有红褐色和黄褐色两种，深浅依品种而异，很多地方有红籽白萝卜、黄籽红萝卜，种子千粒重7.0～13.8克。

我国栽培的萝卜在植物学上统称为中国萝卜，自古就盛行，明代时已遍及全国。多年以来形成了许多优良品种，其中东北绿星大红萝卜、天津青萝卜就是地方优良品种之一。

萝卜不可以同橘子一起吃。萝卜中含有大量胡萝卜素，胡萝卜素虽然能够明眼，治疗眼病，但是同橘子吃就会生病。萝卜会产生一种抗甲状腺的物质硫氰酸，如果同时食用大量的橘子、苹果、葡萄等水果，水果中的类黄酮物质在肠道经细菌分解后就会转化为抑制甲状腺作用的硫氰酸，进而诱发甲状腺肿大。

（二）用料与烹调

【原料】特级面粉500克，肥瘦猪肉500克，白萝卜丝1千克，火腿粒60克，猪油250克，食盐、味精、葱花、花椒面少许。

【制法】1. 用200克特级面粉加100克猪油反复揉转，制成酥面。另以300克特级面粉加150克猪油、100克水反复揉转，制成油面。将油面压开，把酥面包在中间（油面须稍厚，否则会穿），裹拢起来轻轻搓成圆条，切成长约6.5厘米的节子，每个节子对剖开为2根条，刀口向外合拢，卷成圆饼，压平。

2. 萝卜丝用开水稍煮，挤干水抖散。

3. 将剁烂的半肥瘦猪肉用猪油煸熟，略加食盐，起锅后与萝卜丝、火腿粒、花椒面、葱花、味精拌匀，晾冷后即制成馅。

4. 圆饼包馅封好，压平，以猪油炸之。炸时应不断摆动，以防止粘锅。火不宜过大，否则会炸糊或炸穿。饼浮起油面微呈黄色时即成。

（三）成品特点

微黄色，酥香味美。

（四）营养标签（以100克为例）

名点主馅料	蛋白质／克	脂肪／克	糖类／克	热量／千卡	钙／毫克	磷／毫克	铁／毫克
白萝卜	0.9	0.1	5.4	88	36	29	0.5

（五）思考与练习

1. 萝卜酥饼如何包馅烘烤？

2. 制作萝卜酥饼时应注意哪些？

六、过 桥 米 线

（一）文化赏析

过桥米线（彩图39）已有一百多年的历史。相传，清朝时滇南蒙自县城外有一湖心小岛，一个秀才到岛上读书，秀才贤惠勤劳的娘子常做他爱吃的米线送去给他当饭，但等出门到了岛上时，米线已不热。后来一次偶然送鸡汤的时候，秀才娘子发现鸡汤上覆盖着厚厚的那层鸡油如锅盖一样，可以让汤保持温度，如果把佐料和米线等吃时再放，还能更加爽口。于是她先把肥鸡、筒子骨等熟好清汤，上覆厚厚鸡油；米线在家烫好，把配料切得薄薄的，到岛上后用滚油烫熟，之后加入米线，鲜香滑爽。此法一经传开，人们纷纷效仿，因为到岛上要过一座桥，也为纪念这位贤妻，后世就把它叫做"过桥米线"。

（二）用料与烹调

【原料】 光肥母鸡半只（约750克），光老鸭半只（约750克），猪筒子骨3根，猪脊肉、嫩鸡脯肉、乌鱼（黑鱼）肉或水发鱿鱼各50克，豆腐皮1张，韭菜25克，葱头10克，味精1克，芝麻油5克，猪油或鸡鸭油50克，芝麻辣椒油25克，精盐1.5克，优质稻米400克，胡椒粉、芫荽、葱花各少许。

【制法】 1．将鸡鸭去内脏洗净，同洗净的猪骨一起入开水锅中略焯，去除血污，然后入锅，加水2千克，焖烧3小时左右，至汤呈乳白色时，捞出鸡鸭（鸡鸭不宜煮得过烂，另作别用），取汤备用。

2．将生鸡脯肉、猪脊肉分别切成薄至透明的片放在盘中，乌鱼（或鱿鱼）肉切成薄片，用沸水稍煮后取出装盘；豆腐皮用冷水浸软切成丝，在沸水中烫2分钟后，漂在冷水中待用；韭菜洗净，用沸水烫熟，取出改刀待用；葱头、芫荽用水洗净，切成长0.5厘米的小段，分别盛在小盘中。

3．稻米经浸泡，磨成细粉，蒸熟，压成粉丝，再用沸水烫二三分钟成形，最后用冷水漂洗米线，每碗用150克。

4．食用时，用高深的大碗，放入20克鸡鸭肉，并将锅中滚汤舀入碗内，加盐、味精、胡椒粉、芝麻油、猪油或鸡鸭油、芝麻辣椒油，使碗内保持较高的温度，汤菜上桌后，先将鸡肉、猪肉、鱼片生片依次放入碗内，用筷子轻轻搅动即可烫熟，再将韭菜放入汤中，加葱花、芫荽，接着把米线陆续放入汤中，也可边烫边吃，各种肉片和韭菜可蘸着作料吃。

（三）成品特点

汤烫味美，肉片鲜嫩，口味清香，别具风味。

（四）营养标签（以100克为例）

名点主料	蛋白质／克	脂肪／克	糖类／克	热量／千卡	钙／毫克	磷／毫克	铁／毫克
米线	5.7	1.6	9.4	253	7.6	149	6.2

（五）思考与练习

1．查阅资料，米线原料的制作方法及吃法。

2．查阅资料，过桥米线还有哪些传说故事。

七、淋浆包子

（一）文化赏析

淋浆包子是重庆市石柱县的著名传统食品。早在 20 世纪 40 年代就已闻名川东，远销重庆、武汉等地，是以当地特产的贡米辅以优质糯米磨成细浆，经过滤、发酵、清蒸、烘烤等程序精制而成。

（二）用料与烹调

【原料】贡米 750 克，糯米 800 克。

【制法】1．将贡米、糯米放在一起淘洗干净，加水浸泡，磨成粉备用。

2．将发酵的粉团搓成细长条，用刀切成约 100 个小剂子，蒸帘铺上湿洁布，放在温水锅上，用双手将粉剂逐个搓成椭圆形，摆在蒸帘上，盖严，旺火蒸。

3．将较密的钢丝网架架在木炭火炉子上，放上蒸熟的粉包，勤翻动，烤至两面均黄，用草纸以 10 个为一封捆扎好，烤出草香味即可食用。

（三）成品特点

小巧别致，呈椭圆形，香气四逸，绵软香酥，色、香、味、形俱佳。

（四）营养标签 （以100克为例）

名点主馅料	蛋白质／克	脂肪／克	糖类／克	热量／千卡	钙／毫克	磷／毫克	铁／毫克
贡米	8.3	1	26.8	349	8	85	1.6
糯米	9	1	24.7	344	8	48	0.8

（五）思考与练习

查阅资料，淋浆包子的相关故事。

八、赖　汤　团

（一）文化赏析

赖汤圆（彩图 40）就是汤圆，也就是元宵。元宵也叫"汤圆"、"圆子"。赖汤圆迄今已有百年历史，一直保持了老字号名优小吃的质量。老板赖元鑫从 1894 年起就在成都沿街煮卖汤圆，他制作的汤圆煮时不烂皮、不露馅、不浑汤，吃时不粘筷、不粘牙、不腻口，滋润香甜，爽滑软糯，成为成都最负盛名的小吃。现在的赖汤圆，保持了老字号名优小吃的质量，其色滑洁白，皮粑绵糯，甜香油重，营养丰富。

赖汤圆创始于1894年，创制人原是四川资阳东峰镇人，名叫赖元鑫。由于父病母亡，赖元鑫跟着堂兄来到成都一家饮食店当学徒，后来得罪了老板，被辞退。由于生活无着落，赖元鑫才找堂兄借了几块大洋，担起担子卖起汤圆来。偌大个成都，卖汤圆的如此众多，要想站住脚根，非有过人之处不行。因此，他暗订了三条规矩：一是利看薄点；二是服务好点；三是质量高点。他起早贪黑，粉子磨得细，心子糖油重，卖完早堂，赶夜宵，苦心经营。直至20世纪30年代才在总府街口买了间铺面，坐店经营，取名赖汤圆。他的汤圆选料精、做工细、质优价廉、细腻柔和、皮薄馅丰、软糯香甜。有煮时不浑汤，吃时三不粘（不粘筷、不粘碗、不粘牙）的特点。经过一段时间，品种不断扩大，从开始的黑芝麻、洗沙心，逐渐增加了玫瑰、冰橘、枣泥、桂花、樱桃等十多个品种。各种馅心的汤圆形状不同，有圆的、椭圆的、锥形的、枕头形的。上桌时，一碗四个，四种馅心，四种形状，小巧玲珑，称为鸡油四味汤圆。吃时配以白糖、芝麻酱蘸食，更是风味别具。一时顾客都慕名而来，于是赖元鑫集腋成裘，赚了一大笔钱。钱多了，名气也大了起来，特别是在成都的资阳同乡会里，这个一字不识的文盲，却成了举足轻重的人物。1939年，家乡要筹建一所中学，邀请赖元鑫回乡观光，赖元鑫深知不识字的苦处，为了报效桑梓，捐赠了150担（约合2.5万千克）谷子，作储彦中学的办学经费。直到1950年，赖元鑫对这所学校时有捐助。现今的三元寺中学，前身即是储彦中学。赖元鑫捐资办学一事，在四川资阳曾传为佳话。

如今赖汤圆已经经营了将近1个世纪，声名远扬，历久不衰，不仅汤圆生意兴隆，它的汤圆心子也供不应求，年销售量达300万千克。甚至卖到海外，受到外国人的青睐。1990年12月赖汤圆再次被成都市人民政府命名为"成都名小吃"。

（二）用料与烹调

【原料】糯米500克，大米75克，黑芝麻70克，白糖粉300克，面粉50克，猪油200克，白糖及麻酱各适量。

【制法】1. 将糯米、大米淘洗干净，浸泡48小时，磨前再清洗一次。用适量清水磨成稀浆，装入布袋内，吊干成汤圆面。

2. 将芝麻去杂质，淘洗干净，用小火炒熟、炒香，用擀面杖压成细面，加入糖粉、面粉、猪油，揉拌均匀，置于案板上压紧，切成1.5厘米见方的块，备用。

3. 将汤圆面加清水适量，揉匀，分成30份，分别将小方块心子包入，成圆球状的汤圆生坯。

4. 将大锅水烧开，放入汤圆后不要大开，待汤圆浮起，放少许冷水，保持滚而不腾，汤圆翻滚，心子熟化，皮软即熟。

5. 食用时随上白糖、麻酱小碟，供蘸食用。

（三）成品特点

色滑洁白，皮粑绵糯，甜香油重，营养丰富。

（四）营养标签（以100克为例）

名点主馅料	蛋白质/克	脂肪/克	糖类/克	热量/千卡	钙/毫克	磷/毫克	铁/毫克
糯米	7.3	1	77.5	348	26	113	1.4

（五）思考与练习

1. 汤圆口感不细腻的原因有哪些？
2. 查阅资料，汤圆还有哪些制法？

九、遵义羊肉粉

（一）文化赏析

遵义羊肉粉（见彩图41）早在清代中期就名扬遐迩。凡来遵义品尝过遵义羊肉粉的人，无不交口称赞。遵义人特别爱吃羊肉粉，尤其在冬季，吃一碗滚烫的羊肉粉，浑身暖和，去饭馆进餐的十分踊跃。当地有一种习惯：每逢冬至这天，全城老幼都要吃一碗羊肉粉。说这天吃羊肉粉，整个冬天都不冷。

羊肉粉的主要原料是羊肉和米粉。其做法是：先将米粉在开水锅里烫三次，除去米粉本身的酸味，盛在瓷碗中；然后在米粉上放一层薄薄的羊肉片，这种羊肉片是煮熟后榨压切成的；最后浇上鲜红的辣椒油，撒一些花椒面、蒜苗、香葱、芫荽等。这样一碗热气腾腾，香气扑鼻，十分诱人的羊肉粉就做成了。

吃羊肉粉最讲究的是吃原汤味。一般来说，遵义居民喜欢选择思南县一带产的矮脚山羊，因为这一带山羊肉质细嫩，腥臊味少，当天宰杀剥皮，不用水洗就可放入锅。熬羊肉汤时先将鲜羊肉放入锅中，小火慢炖，羊肉汤清而不浊，鲜而不腥。除去肉和骨之外，再用一两只母鸡，佐以少许冰糖，这样的汤尤为鲜美。

（二）用料与烹调

【原料】米粉100克，带皮熟羊肉25克，羊油、糊辣椒粉、花椒面、盐、味精、辣椒油、原汤、芫荽、葱花等适量。

【制法】1. 将羊肉洗净切成块放入锅中用大火煮沸，去浮沫后改用小火炖，捞出摆齐用重物压紧，冷却5小时后切成宽3厘米、长5厘米的薄片。

2. 米粉用凉水泡透去掉酸味，放入沸水锅中烫透，用漏勺捞出装入面碗内。

3. 将羊肉片铺在粉上，舀入调好盐味的原汁汤、羊油、放入糊辣椒粉或辣椒油、再放入味精、花椒面、芫荽、葱花即成。

（三）成品特点

羊肉熟透而不烂，米粉雪白，汤汁鲜淳红亮，辣香味浓，油大不腻。

（四）营养标签（以100克为例）

名点主馅料	蛋白质 / 克	脂肪 / 克	糖类 / 克	热量 / 千卡	钙 / 毫克	磷 / 毫克	铁 / 毫克
羊肉	19	14.1	0.2	203	6	146	2.3

（五）思考与练习

1．查阅该地区还有哪些名点，简述历史文化与制作方法。

2．根据营养成分表，说出米粉营养成分。

单元七

北方菜集聚区名点赏析

单元目标

★ 通过学习，对北方菜集聚区名点特点有所了解。

★ 掌握北方菜集聚区代表名点制作方法、名点特点及饮食文化相关内容。

★ 熟知代表名点的历史文化及典故来源，掌握每道名点的制作方法与制作关键。

单元介绍

本单元介绍北方菜集聚区代表名点，从名点概述、文化赏析、用料与烹调、名点特点、营养标签与思考练习六个方面着手，恰到好处的将代表名点的历史文化、烹饪工艺与营养成分三大主要模块进行有机统一，从而有效的将学生从单一技能型向综合素质型转变。

7.1　北方菜集聚区名点概述

北方面食兴起于汉代。据刘熙《释名》卷四说："饼，并也，溲面使合并也。"时有蒸饼、汤饼、蝎饼、髓饼、金饼、索饼之属，大多是随形而名。虽以饼统称，其实包含多种面制食品。王三聘《古今事物考》引《杂记》曰："凡以面为食具者皆谓之饼，故火烧而食者呼为烧饼；水瀹而食者呼为汤饼；笼蒸而食者呼为蒸饼。"唐代北方面食呈多样化发展，遍及各地。胡饼、蒸饼成为贵贱通食之物，尤以京师长安最为著称。白居易有"胡麻饼样学京都，面脆油香新出炉"的诗句，甚至出现了专卖胡饼、蒸饼的商贩和食店。面饼"以面作饼，投之沸汤煮之"，以"弱似春绵，白若秋练"形容面饼，当属今面条类食品。在光禄寺太官署供应的冬月常食中也出现"加造汤饼"记载。煎饼，亦为太官署供食之一。煎饼以稀面糊薄摊鏊釜温火煎烙而成，可筒卷肉菜而食。石嫩饼，为同州贡品，石子拌油炒热，然后埋面饼于石中烤成，以香脆耐贮而著称。馅饼以饼内增置馅料而名。唐时流行一种红绫馅饼，是每年科举后皇帝特赐及第进士之物。馅饼类食物还有馄饨、毕罗等。馄饨形如偃月，馅料各异，花形繁多，与今日饺子颇为相似。毕罗为胡食之一，《酉阳杂俎》记唐长安至少有两处毕罗店。毕罗形粗大、卖时以斤计，显然不是现代学者所考证的抓饭。

古代北方饮食缘何有"尚滋味"嗜好，目前尚难作出比较确切的回答，然细绎端绪，或与下列因素相关。其一，土地所生有饮食之异，北方既有的农牧业生产结构可能是影响北方人饮食嗜好的原因之一。史称"水居者腥，肉攫者臊，草食者膻"，北方畜牧产品较为丰富，肉食产品必厚滋味以克膻臊。张华《博物志》曰："东南之人食水产，西北之人食陆畜。食水产者，龟蛤螺蚌以为珍味不觉其腥臊也；食陆畜者，狸兔鼠雀以为珍味不觉其膻也。"食陆畜而不觉膻臊，多赖"五味调和"之功。其二，地气使然。北方相对比较严酷的自然环境，可能是北方人饮食"尚滋味"嗜好的另一原因。传统的五菜中除葵、藿之外，葱、韭、薤皆以味辛著称。以辛、麻诸味为饮食调料，具有升阳、益气、发表、散寒之效，在中国北方的冬、春、秋季功用尤为明显。西晋文学家束皙曾作《汤饼赋》云："元冬猛春，清晨之令，涕冻鼻中，霜凝口外，充虚解战，汤饼为最。"从"气勃"、"香飞"诸情形看，汤饼必多辛、麻佐料。其三，受饮食加工手段与方法的制约。由于铁器主要用于兵器和农具，"轻易轮不到用在厨房的炊具上面"，古代北方加工菜肴普遍使用渍、酱、脯、腊诸法。查找《说文解字》与烹饪相关字部，最显眼的是酿造方面的字特别多，如酒、醴、酢、浆、豉、酱、醢、菹等；其次是脯、腊、脩等肉干和鱼干；稍作增补的脍及齑类物，总之占烹调、加工方法的八九成是冷食。由于习惯于冷食并且需要长期保存，故必重盐、姜以使食物脱水、抑腐。其四，"尚滋味"与饮食习惯相关。"食物之习性，各地有殊。南喜肥鲜，北嗜生嚼，各得其适，亦不可强求也。"鸿门宴有樊哙拔剑以生食"彘肩"的情节，其实在当时王侯庶民生食菜、肉之事并不鲜见。后来肉食虽已以熟食为主，但仍有某些地区或某些民族依然"嗜生嚼（或半生不熟）"。生嚼"必尚滋味"以杀腥膻，就像吃日本生鱼片必备姜、芥佐料一样。

巴蜀之地居江南而"尚滋味"，或为一特例。由于"秦之迁入皆居蜀"，项羽曾谓"巴蜀亦关中地也"。司马迁在《史记•货殖列传》中论及战国秦汉间社会经济发展时，将巴蜀与关中、陇西、北地、上郡相提并论，共同划归山西（崤山以西）经济区范围以内，反映了巴蜀归秦以后与北方保持着比较密切的交流与联系。《华阳国志•蜀志》中说："秦惠文、始皇克定六国，辄徙其豪侠于蜀，资我丰土。"大量移民入蜀，使当地"民始能秦言"，并且逐渐接受了北方地区的饮食风俗，这可能是巴蜀饮食风俗后来有异于南方的初始原因。

7.2 北方菜集聚区代表名点赏析

一、羊肉烧麦

（一）文化赏析

烧麦起源于包子。最早的史料记载是在 14 世纪高句丽（今朝鲜）出版的汉语教科书《朴事通》上"素酸馅稍麦"的记载。它主要特点在于使用未发酵面制皮，顶部不封口，作石榴状。该书关于"稍麦"注说是以麦面做成薄片包肉蒸熟，与汤食之，方言谓之稍麦。"麦"亦做"卖"。又云："皮薄肉实切碎肉，当顶撮细似线稍系，故曰稍麦。"、"以面作皮，以肉为馅，当顶做花蕊，方言谓之烧麦。"如果把这里"稍麦"的制法和今天的烧麦作一番比较，可知两者是同一种东西。羊肉烧麦（见彩图 42）是以羊肉为主馅料，配多种香辛调料包制而成，其味道鲜美，是我国北方人爱吃的早点之一。

（二）用料与烹调

【原料】小麦面粉 500 克，羊肉（瘦）500 克，香菜 30 克，大葱 50 克，姜 15 克，盐 5 克，味精 3 克，酱油 30 克，黄酒 20 克，茴香粉 10 克，醋 25 克，胡椒粉 1 克，香油 30 克。

【制法】1. 将羊肉洗干净，剁成末；香菜去根，洗净，切成末；大葱、姜分别洗净切成细末，备用。

2. 将羊肉末放入碗内，加入黄酒、葱末、姜末、精盐、胡椒粉、茴香粉、酱油、味精和适量水，朝一个方向搅至水肉融合至黏稠上劲；加入香菜末和香油，拌匀，即成馅料。

3. 将 100 克面粉放入盆内，倒入适量沸水和成烫面；余下的面粉倒入适量水，和成面团；将两块面团放在一起揉匀揉透，盖上湿洁布，稍饧；搓成长条，切成约 15 克一个的面剂。

4．将面剂按扁，擀成边缘极薄的烧麦皮；烧麦皮包入适量羊肉馅；上屉，用旺火蒸 15 ～ 20 分钟，即可食用。

（三）成品特点

烧麦皮薄馅大，鲜嫩可口。

（四）营养标签（以100克为例）

名点主馅料	蛋白质／克	脂肪／克	糖类／克	热量／千卡	钙／毫克	磷／毫克	铁／毫克
羊肉	19	14.1	0.2	203	6	146	2.3

（五）思考与练习

1．制作烧麦皮要注意哪些细节？
2．烧麦蒸制时，如何鉴别是否成熟？
3．解释在烹调中"麦"与"卖"在意义上有何不同。

二、狗不理包子

（一）文化赏析

"狗不理"创始于1858 年。清咸丰年间，河北武清县杨村（现天津市武清区）有个年轻人，名叫高贵友，因其父 40 得子，为求平安养子，故取乳名"狗子"，期望他能像小狗一样好养活（按照北方习俗，此名包含着淳朴挚爱的亲情）。 狗子 14 岁来天津学艺，在天津南运河边上的刘家蒸吃铺做小伙计，狗子心灵手巧又勤学好问，加上师傅们的精心指点，他做包子的手艺不断长进，练就一手好活，很快就小有名气了。

三年师满后，高贵友已经精通了做包子的各种手艺，于是就独立出来，自己开办了一家专营包子的小吃铺——"德聚号"。他按肥瘦鲜猪肉 3 ：7 的比例加适量的水，佐以排骨汤或肚汤，加上小磨香油、特制酱油、姜末、葱末、调味剂等，精心调拌成包子馅料。包子皮用半发面，在搓条、放剂之后，擀成直径为 8.5 厘米左右、薄厚均匀的圆形皮。包入馅料，用手指精心捏折，同时用力将褶捻开，每个包子有固定的 18 个褶，褶花疏密一致，如白菊花形，最后上炉用硬气蒸制而成。

由于高贵友手艺好，做事又十分认真，从不掺假，制作的包子口感柔软，鲜香不腻，形似菊花，色、香、味、形都独具特色，引得十里百里的人前来吃包子，生意十分兴隆，名声很快就响了起来。由于来吃他包子的人越来越多，高贵友忙得顾不上跟顾客说话，这样一来，吃包子的人都戏称他"狗子卖包子，不理人"。久而久之，人们喊顺了嘴，都叫他"狗不理"，把他所经营的包子称作"狗不理包子"（见彩图43），而原店铺字号却渐渐被人们淡忘了。

据说，袁世凯任直隶总督在天津编练新军时，曾把"狗不理"包子作为贡品进京献给慈禧太后。慈禧太后尝后大悦，曰："山中走兽云中雁，陆地牛羊海底鲜，不及狗不理香矣，食之长寿也。"从此，狗不理包子名声大振，逐渐在许多地方开设了分号。

狗不理包子以其味道鲜美而誉满全国，名扬中外。狗不理包子备受欢迎，关键在于用料精细、制作讲究，在选料、配方、搅拌以及揉面、擀面都有一定的绝招儿，做工上更是有明确的规格标准，特别是包子褶花匀称，每个包子都是 18 个褶。刚出屉的包子，大小整齐，色白面柔，看上去如薄雾之中的含苞秋菊，爽眼舒心，咬一口，油水汪汪，香而不腻，一直深得大众百姓和各国友人的青睐。

（二）用料与烹调

【原料】面粉 750 克，净猪肉 500 克，生姜 5 克，酱油 125 克，水 422 毫升，净葱 625 克，香油 60 克，味精少许，盐适量。

【制法】1. 将猪肉按肥瘦 3 : 7 比例搭配。将肉软骨及渣剔净、剁碎，使肉成大小不等的肉丁。在搅肉过程中要加适量的生姜水，然后上酱油。上酱油的目的是调节咸淡，酱油用量要灵活掌握。上酱油时要分次少许添加，以使酱油完全掺到肉里，上完酱油稍等一会（如能在冰箱内放一会更好），紧接着上水即可。上水也要分次少许添加，否则馅易出汤。最后放入味精、香油和葱末搅拌均匀（葱末提前用香油拌上）。

2. 制好面皮后，分割成 20 克的剂子。

3. 把剂子滚匀，擀成薄厚均匀、大小适当的圆皮。

4. 左手托皮，右手拨入馅，掐褶 18 ~ 22 个。掐包时拇指往前走，拇指与食指同时将褶捻开，收口时要按好，包子口上要没有面疙瘩。

5. 包子上屉蒸 4 ~ 5 分钟即成。

（三）成品特点

鲜，其用料非常讲究，讲时令、季节、鲜活。如蟹肉包，那采用的一定是金秋十月正当时的大闸蟹，味鲜汁美。

（四）营养标签（以100克为例）

菜肴主料	蛋白质 / 克	脂肪 / 克	糖类 / 克	热量 / 千卡	钙 / 毫克	磷 / 毫克	铁 / 毫克
猪肉	20.2	7.9	0.7	155	6	184	1.5

（五）思考与练习

1. 如何控制包子发酵的时间？

2. 蒸制时，需要掌握哪些注意点？

3. 简述"狗不理包子"历史典故。

三、焦　圈

（一）文化赏析

要说最代表北京的，而且最有特色的，恐怕非豆汁儿莫属了。记得有人说过，来个人，把他踹躺下，踩着脖子灌碗豆汁下去，起来骂街的准是外地人，灌下去起来就喊：有焦圈（见彩图44）么？这准是北京人。这可以说明豆汁儿在老北京饮食中的地位。提起豆汁儿，那就不能不提与之配套的另外一种北京的吃食——焦圈，它与豆汁儿好比红花绿叶，谁也离不开谁。

老北京的男女老少都爱吃焦圈，北京人吃早点、喝豆汁的时候都离不开这酥脆油香的焦圈。

要说上品的焦圈，讲究炸出来色儿深黄，油亮光滑，小巧玲珑，形同手镯一般。这焦圈别看不起眼，它也是皇家的传承，据说最早是皇上的吃食。

在老北京的师傅当中，做焦圈最出名的当属当年兴盛馆的邬殿元老师傅。早在20世纪30年代，邬师傅靠一个粥铺为生，就以这个焦圈为主，据老人讲，那个焦圈做的，放上一个多星期，焦圈愣不发皮，照样脆生。

再后来比较有名的是南城的焦圈王——王文启老师傅，还有东城隆福寺小吃店的马庆才师傅，这些都是做焦圈的大腕儿。

其实，别小瞧了这个简单普通的焦圈，这中间讲究多了。先说这个面粉，可不能随随便便的什么面粉都成，讲究的是张家口一带的口麦磨的面粉。口麦红皮圆粒，炸出来的焦圈个大且脆。接下来的配料中还要有盐、块碱、明矾、花生油或者香油等10多种，和面前后要和4次。

另外，刀工也有讲究，将面团切成约长3厘米的小条，然后取两个小条重叠起来，再顺着长度切出一条缝，然后放到油锅里，当小条在热油中浮起，迅速的将它翻个，然后再将筷子插入缝中，把缝碰宽，然后用筷套着缝，在油中划上几个圆圈来，便形成了一个圈儿。还有像出锅，也是有学问的，手艺好的师傅讲究50克面粉出8个，500克面粉出80个，不多不少。由此可看出做焦圈的难度。

（二）用料与烹调

【原料】面粉500克，精盐12克，食碱6克，明矾14克，植物油2.5千克，水适量。

【制法】1．将明矾、食碱、精盐碾碎加温水75克，用研槌碾搅至起泡沫，再倒入温水225克搅成溶液待用。

　　　　2．盆内加面粉，倒入部分矾碱溶液，用手先拌匀，洒上少许水后调和成面团，盖湿布饧15～30分钟，然后再洒上剩余的溶液，揉和后对折成长方形，表面抹一层植物油，按平，再饧15～30分钟，上案切条出坯。

　　　　3．将饧好的面团扣在油案上，切下一条，再切成宽2厘米的面坯。两个面坯对折双层，用双手中指在剂中间横按一道凹沟，再用切刀从中心切透即成焦圈生坯。

4．锅内加植物油，烧至五六成热时，把生坯用双手稍抻，顺势放入油锅内，见成型并上浮时，立即用长筷翻过，并将筷子插入中缝处转动，使焦圈呈圆形，定型后翻炸 3 或 4 次，呈深褐色即成。

（三）成品特点

色泽深黄，形如手镯，焦香酥脆，风味独特。

（四）营养标签（以100克为例）

名点	蛋白质/克	脂肪/克	糖类/克	热量/千卡	钙/毫克	磷/毫克	铁/毫克
焦圈	6.9	34.9	47.1	530	24	157	2.4

（五）思考与练习

1．制作焦圈的要领是什么？

2．油炸焦圈如何控制油温以保持焦圈的酥脆？

3．查阅历史，说说"豆汁"与"焦圈"的故事。

四、锅　　魁

（一）文化赏析

锅魁（见彩图 45），又叫锅盔、锅魁馍、干馍，是陕西关中地区城乡居民喜食的传统风味面食小吃。锅魁源于外婆给外孙贺弥月的赠送礼品，后发展成为风味方便食品。锅魁整体呈圆形，直径 30 厘米以上，厚约 3 厘米，重 2.5 千克。料取麦面精粉，压秆和面，浅锅慢火烘烤。外表斑黄，切口砂白，酥活适口，能久放，便携带。省外人编成的顺口溜"陕西十大怪"中，有一怪为"烙馍像锅盖"，指的就是锅魁。

锅魁始于战国时期的长平之战，要比唐代早 1000 多年，可以参考《大秦帝国》中长平之战的部分。相传，唐朝时高宗皇帝李治和女皇武则天的合葬陵，最初选取中乾县东北 25 公里的五峰山，后因穴位风水不吉利，而改选在乾县城北 3 公里的梁山上。梁山风景优美，是当年秦始皇、隋文帝巡幸游览之所，位于当时京都长安西北 80 公里外，在"八卦"中属于乾位，故将陵墓称为乾陵。乾陵修建工程浩大，征用了数万名匠人和民工。当时，有个叫冬娃的小伙子，从小失去母亲，和父亲两人相依为命，他生性聪明，勤劳朴实，很受乡邻的称赞。谁料后来父亲因病卧床，冬娃每天除了上山打柴外，回来还要给父亲烧菜做饭，天长日久这样干，便练就了一手做饭的烹调技艺。修建乾陵征用民工时，他替父亲去做工，因人多而劳动又繁重，饭食往往不能按时吃，困苦不堪。有一天，他肚子饿得实在撑不住了，就悄悄地在路边挖了一个土窝窝，架上自己的头盔，把面和匀放在盔内，在盔下烧着柴火，过了一会儿，他从盔内取出烙成的馍一尝，酥脆可口。他高兴极了，就把这个办法告诉了同伴，让大家改用铁锅去烙，结果吃起酥，闻起香，一传十、十传百，就形成了这种独特的锅魁馍。

从此，筑陵工地上香气弥漫，总监尝到这种香味异常的馍后，感觉不错，忙派专人送到京城长安。因为此馍不同一般，后来唐王朝每年就要乾县进贡锅魁馍。这种烙馍的方法，也逐渐流传到民间。由于历代劳动人民不断地改进制作方法，锅魁馍的质量也越来越好，样式也有许多种了。中国改革开放以来，乾陵吸引了来自世界各地的众多旅游者，他们总爱吃乾县的特产——锅魁馍，临走时还要带上几个，回去送给亲朋好友。

（二）用料与烹调

【原料】　面粉 750 克，净猪肉 500 克，生姜 5 克，酱油 125 克，水 422 毫升，净葱 625 克，香油 60 克，味精少许，碱适量。

【制法】　1．按季节掌握水温，先和成死面块，放在案头上用木杠压，边折边压，压匀盘到，然后切成两块，分别加入酵面和碱水再揉压，视面的软硬程度，如面软可加些干面再压，直至面光色润、酵面均匀时，用温布盖严盘。

　　　　　2．把面块分成每块重约 600 克的面剂，推擀成直径约 22 厘米，厚 3 厘米的圆形饼，上鏊勤翻转，俗称"三翻六转"，烙得火均匀、皮色微鼓时即熟，周围并有菊花形的毛边。

（三）成品特点

色泽金黄，皮薄膘厚，酥脆味香，能煮耐嚼，存放期长，方便快餐，吃法多样。

（四）营养标签（以100克为例）

名点	蛋白质/克	脂肪/克	糖类/克	热量/千卡	钙/毫克	磷/毫克	铁/毫克
锅魁	11.2	1.5	71.5	344	31	188	3.5

（五）思考与练习

1．锅魁的操作要领是什么？

2．如何继承和创新本产品（从馅心用料考虑）？

五、红脸烧饼

（一）文化赏析

　　红脸烧饼（见彩图46）是流行在山西各地的传统面制品，距今已有 1700 多年的历史。传说东汉末年，关云长因打死人逃往涿州，途中在虎亭镇宋二吾烧饼摊买烧饼吃，因无钱付账，许诺日后还上。摊主宋二吾不肯，云长大怒，将宋二吾痛打一顿，宋二吾憎恨这"红脸大汉"，便把他做的烧饼叫做红脸烧饼，意思是将"红脸大汉"烧死。后来，关云长真的派人持重金千里迢迢前来还账。当宋二吾知道当年赊饼打人的"红脸大汉"就是关云长时，对他千里还账之举十分敬佩，便用关云长赠给的钱修建了 5 间高大的店堂。店堂正中悬挂一块巨额横匾，上书"宋记关云红脸烧饼铺"。从此，宋二吾烧饼铺生意兴隆，一直流传至今。

（二）用料与烹调

【原料】 白面 1 千克，红糖 150 克，精盐、花椒面各适量。

【制法】 1. 将六成发酵面、四成生面混合揉匀，揪成等份剂子，擀成圆片，每片内包入红糖、花椒面、精盐，捏拢擀开。

2. 鏊子烧热抹油，将烧饼上鏊烙烤后，两面擦油各翻烙 3 次，至一面呈枣红色，另一面呈虎皮黄色即可。

（三）成品特点

松软酥香，老少皆宜。

（四）营养标签（以100克为例）

名点	蛋白质/克	脂肪/克	糖类/克	热量/千卡	钙/毫克	磷/毫克	铁/毫克
红脸烧饼	11.2	1.5	71.5	344	31	188	3.5

（五）思考与练习

1. 制作红烧脸饼的要领是什么？
2. 红糖在本点心中的作用是什么？

六、闻 喜 煮 饼

（一）文化赏析

煮饼是一种油炸的点心。在晋南民间把"炸"就叫"煮"，炸油条都叫作"煮油条"。闻喜煮饼形似圆月，由于外皮粘满白芝麻，所以外观是月白色。掰开两半，外皮可拉出长 3 ～ 6 厘米的一窝金丝，吃到嘴里，酥沙松软，不皮不粘，甜而不腻，食后回味有一种松柏的余香。闻喜煮饼至今仍是当地老少皆宜的一种食品，在双合成等饼店都很常见。

闻喜煮饼（见彩图 47）有着山西"饼点之王"的美誉。煮饼在明末就已有名气。从清朝嘉庆年间至抗日战争前的 300 年间，闻喜煮饼不仅畅销于天津、北京、西安、济南、开封、太原等内地城市，而且闻名于上海、广州、海南等地。晋南的一些县城和大集镇，一般经营食品的店里，都挂着"闻喜煮饼"的幌子，作为招揽顾客的名牌。鲁迅先生在小说《孤独者》中有"我提着两包闻喜产的煮饼去看友人"的字句，可见闻喜煮饼确实声名远播。

闻喜煮饼始于清代康熙年间，至今已有 300 多年的历史。相传康熙皇帝巡行路径闻喜时，闻喜官绅为迎接圣驾，遍选名师治宴。席间，皇上觉得其他肴馔都淡而无味，唯有煮饼滋味独特，余味绵长，不禁喜问其名，众官宦搜索枯肠，都想取一个吉利的名称来讨皇上高兴，但因皇上猝然发问，不免一时语塞，无言以对。皇上见此情状不觉笑说，就叫煮饼吧。于是康熙皇帝命名的闻喜煮饼就此名声大噪并流传至今。

闻喜煮饼并不是饼状，而是滚圆形，外边裹一层脱皮芝麻。将芝麻团掰开，便显露出外深内浅的栗色皮层和绛白两色分明的馅子，以及能拉几寸长的甜丝。再把掰开的芝麻合在一起，马上又恢复球状。这种煮饼风味佳美，营养丰富，吃起来越嚼越香，带有一种异样的甜香味，令人回味无穷。

（二）用料与烹调

【原料】面粉 1.4 千克，白糖 300 克，红糖 220 克，蜂蜜 550 克，香油 400 克，饴糖 1.1 千克，芝麻仁 650 克，苏打粉 10 克，清水少许（上述原料可制煮饼约 5 千克）。

【制法】1．煮饼瓤。先将 1.1 千克面粉上笼蒸熟，晾干，搓碎，再掺入饴糖 500 克，蜂蜜 100 克，香油 175 克，红糖 220 克，少许清水，苏打粉及剩余的生面粉 300 克，将上述原料搓揉成面团（软硬如蒸馍面团）。

2．油煮。锅上火加入香油约 1 千克，油热后手揪面剂，揉成鸽蛋大的圆球，放铁丝笊篱内在水里蘸一下（可防止煮饼脱皮裂缝），沥干水分，投入油锅中，中火炸约 3 分钟，待其外皮呈枣红色时捞出。

3．滚汁。另起瓢上火放入蜂蜜 450 克，白糖 300 克，饴糖 600 克熬制 10 分钟，待能拉起长丝时则蜜汁熬成。将炸好的煮饼放入蜜汁内浸约 2 分钟（为使蜜汁渗入煮饼内），然后捞出放入熟芝麻仁中翻滚，待芝麻仁粘匀后，煮饼即成。

（三）成品特点

麻香味甜，酥绵适口。

（四）营养标签（以100克为例）

名点	蛋白质／克	脂肪／克	糖类／克	热量／千卡	钙／毫克	磷／毫克	铁／毫克
煮饼	11.2	1.5	71.5	344	31	188	3.5

（五）思考与练习

1．闻喜煮饼的操作要领是什么？

2．讨论其烹调方法还可以派生出哪些点心？

七、艾　窝　窝

（一）文化赏析

艾窝窝（见彩图 48）源于维吾尔族，其中还有一段艾窝窝与香妃的传说。乾隆二十三年（1758 年），清政府在平定大、小和卓木叛乱时，伊帕尔汉家族配合平叛有功，于二十五年随全家奉召进京。伊帕尔汉被召入宫，时年 26 岁，初封为贵人，后册封为容妃。她不仅长得漂亮，而且浑身自然散发出一股清馨的香气，备受乾隆宠爱，所以叫香妃。香妃是维吾尔族穆斯林，为了使香妃开心，乾隆十分尊重香妃的生活习惯，专门在宫中配备了一名叫努伊玛特的维吾尔族厨师为香妃做清真饭菜。

相传香妃入宫前已为人妇，入宫后，香妃非常思念她的丈夫，日夜茶饭不进，这可急坏了乾隆皇帝。他急忙下旨给御膳房：有谁能做出使香妃爱吃的食物，赏银万两。御厨们都想得到重赏，想尽名膳美食，各献绝技。于是，山珍海味、风味名食，做了数千样，可是端进宫内，香妃连看都不看。无奈之下，乾隆只得让维吾尔族人给香妃做家乡的饮食送进宫中。

再说，香妃的丈夫自香妃被召入宫后，也很想念香妃，就不远万里，爬山涉水从新疆来到京城，设法与香妃联系。当他听说乾隆下旨让维吾尔族人做一样家乡最好吃的食品送进宫时，就明白了其中的原委。香妃的丈夫知道这是与香妃联系的最好机会，就做了一种江米团。这种江米团食品制法特殊，是香妃丈夫在家时经常做给香妃吃，别人都没见过，只有香妃吃过，所以只要她一见到这种江米团食品，就准会知道是她的丈夫来了。江米团做成后，被送进了宫里，太监问香妃的丈夫："这叫什么名字？"他想自己姓"艾买提"，就急中生智，脱口而出："叫艾窝窝。"宫女将艾窝窝端到香妃面前，香妃见到艾窝窝，心知自己的丈夫来到京城，十分悲痛，泪流如雨，她轻轻地拿起一个艾窝窝咬了一口……乾隆得知香妃想吃东西了，很高兴，于是下旨让在京城的维吾尔族人天天制作艾窝窝给香妃用膳，从此，艾窝窝就出了名，成为一款有名的宫廷名食。这一名食也很快传到北京和新疆维吾尔族民间，特别是北京人更喜欢吃艾窝窝。至今在北京民间还流行着有关艾窝窝的一首民谣："白黏江米入蒸锅，什锦馅儿粉面搓。浑似汤圆不待煮，清真唤作艾窝窝。"艾窝窝是春夏季美食，每年一到春节，各家清真小吃店就陆续添上这个品种，一直卖到夏末秋初。

（二）用料与烹调

【原料】江米饭，面粉，白糖，芝麻，核桃仁，山楂糕。

【制法】1．蒸面。把面粉放入蒸笼里开锅后蒸15分钟就可以了。

2．擀面。蒸过的面粉会发干发硬，因此等面晾凉后，要用擀面杖把面擀碎，擀细。

3．拌糖馅。只要把蒸过的面粉、白糖、芝麻、还有碾碎的核桃仁搅拌在一起就可以了。另外还要把山楂糕切成小块状。

4．包馅。取一勺江米饭，将它放在面粉上来回搓揉，使江米饭完全沾满面粉，然后将它按扁，薄厚由自己喜好而定。再包上刚刚拌好的糖馅，然后将周边捏合到一起，再在上面点缀一小块切好的山楂糕，这样艾窝窝就做好了。

（三）成品特点

色泽雪白，形如球状，质地糯软，口味香甜。

（四）营养标签（以100克为例）

名点主料	蛋白质/克	脂肪/克	糖类/克	热量/千卡	钙/毫克	磷/毫克	铁/毫克
大米	12.7	0.9	71.8	346	8	106	5.1

（五）思考与练习

艾窝窝的制作要领是什么？

八、驴打滚

（一）文化赏析

豆面糕又称驴打滚（见彩图49），是北京小吃中的古老名种之一。源于满洲，缘起于承德，盛行于北京。自古以来承德地区就盛产一种黍米，据《热河志·物产》记载"黍，土人称为黄米。"这种黍米，性粘，承德叫黄米，可用于焖饭或碾成粉末做粘豆包、年糕和豆面糕。喜欢粘食本来是满族人的传统，因为满族的狩猎生活经常早出晚归，吃粘食耐饿。后经流传因面糕外表沾满黄豆粉，故得名"驴打滚"并流传至今。

（二）用料与烹调

【原料】江米粉、红豆沙、黄豆面。

【制法】1. 把江米粉倒入一个小盆里，用温水和成面团，拿一个空盘子，在盘底抹一层香油，这样蒸完的面不会粘盘子。将面放在盘中，上锅蒸，大概20分钟，前5～10分钟大火，后面改小火。

2. 在蒸面的时候炒黄豆面，直接把黄豆面倒到锅中翻炒，炒成金黄色并有一点点糊味（有糊味不等于炒成黑色），大概炒5分钟左右，出锅。

3. 把红豆沙倒出来，放半小碗水，搅拌均匀，待用。

4. 待面蒸好（要摊在盘子中，且要蒸熟），拿出，在案板上洒一层黄豆面，把江米面放在上面擀成一个大片，将红豆沙均匀抹在上面（最边上要留一段不要抹），然后从头卷成卷，再在最外层多撒点黄豆面。

5. 用刀切成小段（切粘面的时候在刀上沾上清水，就不会粘刀了），在每个小段上在糊一层黄豆面，装盘即可。

（三）成品特点

色泽金黄，豆香馅甜，入口绵软，别具风味。

（四）营养标签（以100克为例）

名点主料	蛋白质/克	脂肪/克	糖类/克	热量/千卡	钙/毫克	磷/毫克	铁/毫克
江米	7.4	0.8	28	346	13	110	2.3

（五）思考与练习

1. 炒黄豆面时要注意什么？

2. 此菜还可以派生出哪些菜肴？

3. 找出"驴打滚"与哪位皇帝有关联。

单元八

淮扬菜集聚区名点赏析

单元目标

★ 通过学习对淮扬集聚区名点特点有所了解。

★ 掌握淮扬集聚区代表名点制作方法、名点特点及饮食文化相关内容。

★ 熟知淮扬地区代表名点的历史文化及典故来源，掌握每道名点的制作方法与制作关键。

单元介绍

本单元介绍淮扬集聚区代表名点，从名点概述、文化赏析、用料与烹调、名点特点、营养标签与思考练习六个方面着手，恰到好处的将代表名点的历史文化、烹饪工艺与营养成分三大主要模块进行有机统一，从而有效的将学生从单一技能型向综合素质型转变。

8.1 淮扬菜集聚区名点概述

淮扬菜集聚区名点是我国面点的重要组成部分，历史悠久。据《吴越春秋》记载，在春秋战国之前，江浙一带的古民就已用稻米、麦、豆等粮食制成饭、饼等食品。北魏的《齐民要术》、五代的《清异录》也都对这一带面点、小吃的精美工艺做了大量的描述。唐宋时期，是这一地区面点发展并形成特色的鼎盛时期，唐代的《闽中记》中就有"闽人以糯稻酿酒，其余揉粉，岁时以为团粽粿糕之属"的记载，合肥地区（肥东县）至今流传的著名小吃"示灯粑粑"，相传也是唐代肥东龙灯节的食品；宋代的《梦粱录》中有大量的篇幅描写当时临安城（今杭州）小吃的经营盛况："每日交四更，诸山寺观已鸣钟……御街铺店，闻钟而起，卖早市点心，如……"等；相传寿县的"大救驾"也是因宋朝的开国皇帝吃过而得名。至明清时期，随着手工业场的出现，推动了整个饮食产业的发展，也促进了面点制作技艺的不断提高。清代的《随园食单》中的面点记载，不但品种繁多，而且制作精湛，如记载扬州制作的小馒头"如胡桃大"、"手捻之不盈半寸，放松仍隆然而高"等等。得益于如此丰厚的历史基础，华东地区的面点、小吃便形成了今天的风格特色，成为我国面点"南味"流派的代表体系。

华东名点品种丰富，因气候、物产、风俗习惯等的不同，各地的风味特点也有所区别，按其特色大致可分为两类。

其一，是以江苏、上海、浙江为一体的苏式风味面点。这是我国的三大流派特色面点之一"苏式面点"的代表和主流。它从制品的选料、制作到口味、品质等诸多方面颇具有特色，尤其擅长米粉糕团及花色面点的制作，整个制品工艺精湛，特别注重造型，具有色泽鲜艳、形象逼真、皮薄、馅大、汁多等特点。其代表性产品如栩栩如生、形态各异的太湖船点，松韧糯软、香甜肥润的苏式糕团，皮薄馅多、醇厚鲜美的文楼汤包，小巧玲珑、皮薄馅美的南翔小笼馒头，稠糯华润、鲜香可口的小绍兴鸡粥，肥糯不腻、肉嫩鲜香的嘉兴鲜肉粽子，面条柔滑、虾嫩鳝脆的虾爆鳝面，色白光亮、软糯香甜的宁波汤团，外壳金黄、松脆干香的金华干菜酥饼等。

其二，是以江西、安徽为一体的江淮风味面点。其特色是南北风味兼备，用料米、面兼而有之，制作精细，火功独到，但口味上受江浙的影响较大，仍能体现"苏式面点"的特色风味，具有味厚而醇、略带甜味的基本特点，但受地理、物产、风俗的影响，赣南地区的口味却以咸中带辣为主，具有浓郁的乡土气息。其代表性产品如酥松香甜、层次分明的寿县名点"大救驾"，色泽金黄、口感酥香的芜湖名点耿福兴酥烧饼，色彩艳丽、柔韧爽滑的徽州蝴蝶面，皮薄透亮、味美适口的合肥三河米饺，面条爽滑、鲜香可口的江西大余伊府面，柔软润滑、香甜酸辣、清凉爽口的漳州手抓面等。

8.2　淮扬菜集聚区代表名点赏析

一、王兴记馄饨

(一) 文化赏析

王兴记馄饨店是无锡著名老字号。1913 年 1 月 31 日，无锡北乡塘头人王庭安在崇安寺升泉浴室旁开办馄饨店，专卖手推皮子老式馄饨。1915 年底，王庭安将店名定为"王兴记馄饨店"。此后，王庭安改进制作方法，首创了白汤馄饨（当时无锡流行加酱油的红汤馄饨）。其特点是滑爽鲜嫩，汤水浓而不浊，再加上开洋、紫菜、蛋皮丝、青蒜叶、胡椒粉等佐料，堪称色香味俱全，很受顾客欢迎。抗日战争期间，王庭安又增加了小笼馒头和葱油鸡蛋饼等新品种，并对馄饨馅心不断改进（将虾仁、鸡肉拌进馅心），用鸡和肉骨吊汤，改进服务态度等，不仅招徕了新老顾客，而且战胜了竞争对手。抗战胜利后，王庭安将店务交给儿子王祖华管理。无锡解放后，"王兴记"更加注重质量，保持特色，生意越做越大。1956 年，"王兴记"被批准实行公私合营，1965 年，"王兴记"迁至中山路新大楼营业，1966 年更名为无锡馄饨店。"文革"结束后，又恢复原店名，添置了雅座和空调，并开始接待外宾。1995 年 12 月又迁至中山路学前街口，并增设了分店。1996 年 7 月 1 日，该店又更名为王兴记有限公司。2002 年，该公司顺利通过国际标准 ISO 9001 ： 2000 质量体系认证。"王兴记"已成为江苏省著名商标和闻名中外的点心店。

(二) 用料与制法

【原料】精面粉、净猪腿肉各 500 克，香干丝 25 克，蛋皮丝、青蒜末各 20 克，榨菜 30 克，青菜叶 100 克，干淀粉 20 克，黄酒 5 克，绵白糖、精盐各 10 克，味精 15 克，鲜汤 2 千克，食碱 3 克，熟猪油 30 克。

【制法】1. 盆内加入面粉，倒入用沸水 25 克化开的碱水，再加清水 300 克拌成雪花面，然后用压面机反复轧 3 次，压成约 1 毫米厚的薄皮，叠成上宽 7 厘米、下宽 10 厘米的梯形皮子。

　　　　2. 猪腿肉洗净，绞成肉末，加精盐 10 克、黄酒 5 克拌匀。青菜叶洗净，用沸水烫过控净水分，与榨菜分别剁成末，放入肉末中，加味精 2 克、绵白糖、清水 500 克搅匀，即成肉馅。

　　　　3. 皮子 1 张放左手上，右手挑馅，逐个包成馄饨。

　　　　4. 锅内加水烧沸，下入馄饨，煮至全部浮于水面即成。

　　　　5. 碗内放入味精、熟猪油、青蒜末、肉汤，约七成满，捞入馄饨，每碗 10 只，再撒上蛋皮丝、香干丝即成。

（三）名点特点

皮薄爽韧，汤汁浓醇，肉馅鲜美。

（四）营养标签（以100克为例）

名点主料	蛋白质／克	脂肪／克	糖类／克	热量／千卡	钙／毫克	磷／毫克	铁／毫克
面粉	11.2	1.5	71.5	344	31	188	3.5

（五）思考与练习

1．调制面皮时加碱水的作用是什么？

2．收集地方馄饨制作方法，并列举出异同点。

二、翡 翠 烧 麦

（一）文化赏析

翡翠烧麦（见彩图50）为江苏传统名点，由扬州市富春茶社创始人陈步云首创。此点是扬州点心双绝之一。

另关于"烧麦"还有这样一个典故，相传在乾隆三年，浮山县北井里村王氏，在北京前门外的鲜鱼口开了个浮山烧麦馆，并制作炸三角和各种名菜。某年除夕之夜，乾隆从通州私访归来，到浮山烧麦馆吃烧麦。这里的烧麦馅软而喷香，油而不腻，洁白晶莹，如玉石榴一般。乾隆食后赞不绝口，回宫后亲笔写了"都一处"三个大字，命人制成牌匾送往浮山烧麦馆。从此烧麦馆名声大振，身价倍增。

（二）用料与制法

【原料】精白面粉 500 克，青菜叶 1.25 千克，熟火腿蓉 100 克，精盐 10 克，白糖 350 克，味精 10 克，熟猪油 200 克。

【制法】1．青菜叶摘洗净后放入沸水锅中烫一下，立即捞出用凉水冲凉，沥干水分，用刀切成细末，挤干后加入精盐、味精、白糖、熟火腿蓉、熟猪油拌匀。

2．将面粉放在案板上开窝，加入温热水 150 ～ 200 克调和拌匀，揉成面团。

3．将静置片刻的面团揉成长条，揪下剂子（每只重约 12.5 克），随即搓圆按扁。案台上堆放少量干面粉，将剂子放入，用橄榄形擀面杖沿着圆坯的边沿边擀边转动，把边沿擀成荷叶形。然后一手托皮，另一手用竹刮板挑上馅心 35 克左右，然后将皮子慢慢收口，并在齐腰处捏拢变细，边捏边用竹刮板将挤出的馅心再按进去。最后在开口处将馅心摊平，并撒上少量火腿蓉，即成生坯。

4．取直径 23 厘米的小笼，刷油后每笼装入生坯 10 只，放于旺火沸水锅上蒸制 10 分钟左右即成。

（三）名点特点

皮薄透明，馅心碧绿，色如翡翠，糖油盈口，清香甜润。

（四）营养标签（以100克为例）

名点主料	蛋白质/克	脂肪/克	糖类/克	热量/千卡	钙/毫克	磷/毫克	铁/毫克
面粉	11.2	1.5	71.5	344	31	188	3.5

（五）思考与练习

1．荷叶边面皮的擀制要点有哪些？
2．翡翠烧麦制作关键点有哪些？

三、文楼汤包

（一）文化赏析

古城淮安位于苏北的京杭大运河河畔，自古就是繁华之地。城中有一家茶楼，名曰"武楼"，经营淮扬各类点心与小吃。清代道光八年，店主陈海仙见店中生意红火，在淮安的河下镇又建了一座茶楼，起名"文楼"。

"文楼"兴办之初，主要经营面食，清代道光初年，店主采用"武楼"酵面汤包的技术工艺，改创水调面汤包，制成了流传至今的"文楼汤包（见彩图51）"。其馅心由肉皮、鸡丁、蟹黄、虾米、海参、竹笋等20多种原料制成。面皮薄透如纸，点火即可燃烧。食时配以香醋、姜末和香菜，先轻咬小口吸汤，其味鲜美，爽口不腻，因而远近闻名。至今仍有谚云："文楼汤包，吃得等不得。"

现在每年中秋时节，当螃蟹上市，则蟹黄汤包便开始供应，文楼美名在外，顾客争购品尝，令文楼应不暇接，门庭若市。有名谣夸奖其："桂花飘香菊花黄，文楼汤包人争尝，皮薄蟹鲜馅味美，入喉顿觉身心爽。"

（二）用料与制法

【原料】精白面粉2.5千克，母鸡2只（5千克），净猪五花肉1.5千克，螃蟹1.5千克，鲜猪肉皮1.5千克，猪骨头1.5千克，精盐20克，白酱油100克，白糖15克，味精60克，绍酒100克，白胡椒粉1.5克，葱末5克，姜末15克，熟猪油200克，香醋、香菜末各10克。

【制法】1．将螃蟹刷洗干净，蒸熟后剥壳取肉。锅烧热，放入猪油、葱末、姜末、绍酒（25克）、精盐（15克）、白胡椒粉，再放入螃蟹肉炒匀，待用。

2．将猪肉洗净切成片，鸡宰杀干净，猪骨洗净，一同在沸水锅中焯水，捞出后换成清水再放入烧煮，待猪肉、鸡肉八成熟时，取出切成0.3厘米见方的小丁，肉皮酥烂时捞出绞成蓉状，骨头捞出，汤肉待用。

3．原汤过滤后放入锅中，加入肉皮蓉，烧沸后再过滤，煮至汤浓稠时，放入鸡丁、肉丁同煮，撇去浮沫后加入葱末（10克）、姜末（10克）、白酱油、绍酒（75克）、白糖、味精和炒好的蟹粉，烧沸后装盆，并不停地搅拌，至冷却后放入冰箱冷藏，待凝固后用手将馅捏碎。

4．面粉2250克放入盆内，加入清水、少许盐拌成雪花面和成面团，然后将其反复揉匀揉透，边揉边加入少许水至面团光滑。

5．将面团置于案台上搓成长条，稍饧后揪成重约20克的剂子，然后用擀面杖制成直径约16厘米的圆形坯皮。一手托皮，另一手包入馅心100克，提捏成圆腰形的包子生坯。

6．将生坯放入专用的汤包笼内（每笼装入生坯1只），放于旺火沸水锅上蒸制7分钟左右即成（食用时佐以姜末、香醋、香菜末）。

（三）名点特点

皮薄包大，馅重汤多，肥厚鲜美，浓而不腻。

（四）营养标签（以100克为例）

名点主料	蛋白质/克	脂肪/克	糖类/克	热量/千卡	钙/毫克	磷/毫克	铁/毫克
面粉	11.2	1.5	71.5	344	31	188	3.5

（五）思考与练习

1．文楼汤包与蟹黄汤包在制作上存在哪些异同点？
2．详叙文楼汤包制作过程。

四、三 丁 包 子

（一）文化赏析

相传乾隆皇帝下江南时，地方官员为其准备了五丁包子即"海参丁、鸡丁、肉丁、冬笋丁、虾仁为馅"，乾隆品尝后十分高兴地说："扬州包子，名不虚传"，后因考虑到老百姓的消费水平，将五丁包改为三丁包，馅心采用鸡丁、肉丁、笋丁并以虾汁鸡汤加调味品烩制而成，味道依然鲜美，深受各界人士欢迎。

三丁包子（见彩图52）是扬州的名点，以面粉发酵和馅心精细取胜。清人袁枚在《随园食单》中云："扬州发酵面最佳，手捺之不盈半寸，放松仍隆然而高。"发酵所用面粉"洁白如雪"，所发面酵软而带韧，食不粘牙。富春茶社一直保持这种发酵的传统特色。扬州三丁包子的馅心，以鸡丁、肉丁、笋丁制成，故名"三丁"。鸡丁选用隔年母鸡，既肥且嫩；肉丁选用五花肋条，膘头适中，鸡丁、肉丁、笋丁按1∶2∶1的比例搭配。鸡丁大、肉丁中、笋丁小，颗粒分明，三丁又称三鲜，三鲜一体，津津有味，清晨果腹，至午不饥。据传，当年日本天皇吃到空运去东京的扬州三丁包子，赞誉它为天下一品。

（二）用料与制法

【原料】精白面粉 450 克，面肥 100 克，食碱 5 克，猪肉 450 克，熟鸡肉 150 克，熟冬笋肉 150 克，虾子 5 克，原汁鸡汤 200 克，酱油 100 克，白糖 60 克，味精 5 克，绍酒 5 克，水淀粉 20 克，葱 3 克，姜 3 克。

【制法】1. 将猪肉洗净、焯水，再放入鸡汤中煮到七成熟捞出晾凉，切成 0.4 厘米见方的小丁，熟鸡肉和熟笋肉也分别切成 0.5 厘米和 0.3 厘米见方的小丁。炒锅内加入鸡汤、虾子、酱油、白糖、绍酒、味精、葱、姜等调料煮沸，捞出葱、姜后放入切好的三丁稍煮，最后加入水淀粉勾芡拌匀起锅晾凉。

2. 将面肥放入盆内用清水 200 克左右抓成糊状，加入面粉和成面团，揉至光滑后发酵，待面团发酵成熟后，对碱揉匀。

3. 将面团搓条揪成 10 个剂子（剂重 75 克），按拍成直径 10 厘米左右的中间稍厚、四周稍薄的圆皮，放入约 70 克馅心，提捏成 30 个以上皱褶，并收口成"鲫鱼嘴"型即成生坯。

4. 将生坯放入笼屉中，稍饧后，用旺火沸水蒸约 10 分钟即成。

（三）名点特点

包大馅多，皮白松软，褶纹清晰，馅鲜肥嫩，咸中带甜，油而不腻。

（四）营养标签（以100克为例）

菜肴主料	蛋白质 / 克	脂肪 / 克	糖类 / 克	热量 / 千卡	钙 / 毫克	磷 / 毫克	铁 / 毫克
面粉	11.2	1.5	71.5	344	31	188	3.5

（五）思考与练习

面肥与碱水在面调制作过程中分别起什么作用？

五、黄桥烧饼

（一）文化赏析

黄桥烧饼（见彩图 53）产于江苏泰兴黄桥镇，它之所以出名，与著名的黄桥战役是紧密相关的。在陈毅、粟裕等直接指挥下的黄桥战役打响后，黄桥镇 12 家磨坊，60 只烧饼炉，日夜赶做烧饼。镇外战火纷飞，镇内炉火通红，当地群众冒着敌人的炮火把烧饼送到前线阵地，谱写了一曲军爱民、民拥军的壮丽凯歌。时隔 30 余年之后，即 1975 年 5 月，粟裕将军重返黄桥，黄桥人民仍用黄桥烧饼盛情款待他，他手捧烧饼，激动地勉励大家说："从黄桥烧饼我们看到了军民的鱼水深情，我们要继续发挥革命传统，争取更大光荣。"

古代烧饼，制用精细。据《随园食单》载称，烧饼的制作是："用松子仁、胡桃仁敲碎，加冰糖屑、脂油和面炙之。"黄桥烧饼除了吸取了古代烧饼制作法，保持了香甜两面黄，外撒芝麻内擦酥这一传统特色外，已从一般的"擦酥饼"、"麻饼"、"脆烧饼"等大路品种，发展到葱油、肉松、鸡丁、香肠、白糖、橘饼、桂花、细沙等十多个不同馅的精美品种。黄桥烧饼，或咸或甜，咸的以肉丁、肉松、火腿、虾米、香料等作为馅心。烧饼出炉，色呈蟹壳红，不焦、不糊、不生。1983年被评为"江苏省名特食品"。

据史料记载，辛亥革命时期，面积不足两平方公里、人口不足6000的黄桥，有猪行近20家，油坊20余家，酒行10余家，粮行90多家。商业的繁荣，流动人口的增加，带来了饮食服务业的兴盛。那时，小小的黄桥竟有100家旅馆、客栈，20多家饭馆，4家浴室，4家书场，而烧饼店竟达60多家！这么多烧饼店，势必引起行业内部的竞争。店主们不得不在用料、制作和品种上动脑筋，比谁家的分量足，比谁家的吃口好，比谁家的芝麻撒得多。据说有两家烧饼店的小徒弟，每天端着藤匾"拼市"。一家说，今天我家的烧饼外加两个脂油丁，顾客当然争着买这家的，那家的没人买。第二天，另一家也加两个猪油丁。"拼市"的结果，不仅使消费者得益受惠，而且也大大提高了烧饼的质量。

（二）用料与制法

【原料】 精白面粉500克，面肥80克，食碱7克，净猪板油150克，熟猪油130克，香葱末65克，精盐10克，饴糖10克，白芝麻仁70克。

【制法】 1. 取面粉225克放在案板上，开窝后加入熟猪油调和均匀，搓擦成光洁的干油酥面团。将剩余的面粉放在案板上，开窝后加入温水140克和面肥调和抓匀，再拌入面粉搓揉成光滑的面团静置发酵。

2. 将猪板油去膜，切成0.6厘米见方的小丁，放入盆内加精盐拌匀，包馅前放入葱末拌匀，并分成10份。将饴糖和食碱分别用清水15克调成饴糖水和碱水备用。

3. 将发酵好的面团摊开，加入碱水后揉匀揉透，再饧发30分钟。然后，将酵面和干油酥各揪10个剂子，并逐个包酥。取一个包好酥的面剂按扁后擀成椭圆形，并自左向右卷拢，再按扁擀成长条，并自上向下卷拢，最后按扁擀开，包入葱油馅一份，捏拢收口后再擀成椭圆形。照此方法全部做完，封口朝下摆放在面板上，用软刷在饼面上刷上饴糖水，再将饼覆于白芝麻中轻轻拍一下，粘满芝麻后即成生坯。

4. 将烘炉加热，使之发烫。然后将酥饼生坯翻一个身（无芝麻的一面）刷上一层冷水，随刷随贴于炉壁上，烘烤4～5分钟，待饼面呈金黄色，饼身胀发时，即可用长铁钳钳出，即成。

（三）名点特点

饼色金黄，酥层分明，一触即落，入口酥松不腻。

（四）营养标签（以100克为例）

名点主料	蛋白质/克	脂肪/克	糖类/克	热量/千卡	钙/毫克	磷/毫克	铁/毫克
面粉	11.2	1.5	71.5	344	31	188	3.5

（五）思考与练习

1．熟猪油在面团中起哪些作用？
2．黄油烧饼的面皮制作过程中，水调面团与油酥面团比例为多少？

六、大 救 驾

（一）文化赏析

大救架（见彩图54）为云南腾冲的一种小吃，由饵块或饵丝烹制而成，饵块或饵丝都是米类制品。清初，吴三桂率清军打进昆明，明代永历皇帝的小朝廷逃往滇西，清军紧追不舍。农民起义军大西军领袖李定国命大将靳统武护送永历皇帝至腾冲，当时天色已晚，此一行人走了一天山路，疲惫不堪，饥饿难忍。找到一处歇脚之地后，主人图快，炒了一盘饵块送上。永历皇帝吃后赞不绝口地说："炒饵块救了朕的大驾。"从此，腾冲炒饵块改名为"大救驾"。

（二）用料与制法

【原料】精白面粉500克，熟猪油1500克（耗约230克），绵白糖300克，冰糖25克，猪板油100克，糖金橘20克，核桃仁10克，青梅10克，青红丝20克。

【制法】1．取面粉300克放在案板上，开窝后加入猪油30克、温水150克调和拌匀，揉搓成光滑、柔软的水油酥面团。将剩余的面粉放在案板上，开窝后加入熟猪油100克调和拌匀，搓擦成光洁的干油酥面团。

2．将猪油去膜，切成0.5cm见方的小丁，糖金橘、核桃仁、青梅、青红丝均切成粒，将上述原料放入盆内，加入碾碎的冰糖、绵白糖拌匀成馅，并分成10份。

3．将水油酥面团和干油酥面团各下剂5个。取水油酥剂子1个，按扁后包入干油酥剂子1个。擀开呈条状卷成筒形，再擀开呈条状后再卷成筒形，最后从中间横切成两圆饼形坯子。取一个面剂切口朝上放在面板上，用擀面杖擀成中间稍凹的圆皮，再另一面包入馅心50克，收拢封口并按成圆饼状，制成生坯。其余面剂按相同方法制完。

4．将炸锅置小火上，倒入猪油烧至约120摄氏度时，下入生坯，炸约15分钟，最后稍升温后将制品取出即成。

（三）名点特点

饼色淡黄，酥层清晰，酥松不腻，果味香浓。

（四）营养标签（以100克为例）

菜肴主料	蛋白质/克	脂肪/克	糖类/克	热量/千卡	钙/毫克	磷/毫克	铁/毫克
面粉	11.2	1.5	71.5	344	31	188	3.5

（五）思考与练习

详叙"大救驾"的历史典故。

七、吴山酥油饼

（一）文化赏析

清代著名小说《儒林外史》一书中即已提及此饼，并作赞誉。吴山酥油饼（见彩图55）的起源有两种传说。一说源于宋初问世的名点"大救驾"，后南宋迁都杭州，世人为借故讽政，便仿制"大救驾"，希望南宋朝廷记住开国的艰难，不要丧权辱国。此点以吴山所制最为有名，故得"吴山酥油饼"的美名。二说起名于北宋苏东坡。当时，苏东坡任杭州知州，一天公余兴浓，身披蓑衣，脚着芒履，冒雨游吴山，见众人争购油饼，也买几只，解下酒葫芦，坐在野花丛中，品尝起来。觉得此饼香脆松口，味道特佳。问店家有何美名？店家回答："山野小吃，无什么美名。"苏东坡细观此饼，一层层、一丝丝，像身上蓑衣一样，便随口说道："好，既无雅名，就叫它蓑衣饼吧！"因为苏东坡为此饼取名，从此，吴山"蓑衣饼"，生意兴隆，声名远扬。因为，"蓑衣饼"与"酥油饼"字音相谐，又加此饼本身又油又酥，后来就改称为"酥油饼"。酥油饼系由安徽寿县一带栗子面酥油饼演变而来，用油面叠酥制成，色泽金黄，曾酥叠起，上尖下圆，形似金山，覆以细绵白糖，脆而不碎，油而不腻，香甜味美，入口即酥。

（二）用料与制法

【原料】精白面粉 250 克，绵白糖 125 克，蜜饯青梅 25 克，糖桂花 20 克，干玫瑰花 1 朵，熟花生油 3 千克（耗约 200 克）。

【制法】1. 取面粉 110 克放在案板上，开窝后加入熟花生油 50 克调和拌匀，搓擦成光洁的干油酥面团。剩下的面粉放在案板上，开窝后加入熟花生油 25 克、温水 55 克调和拌匀，搓揉成光滑、柔软的水油酥面团。

2. 将水油酥面团和干油酥面团各下剂 5 个。取水油酥剂子 1 个，按扁后包入干油酥，擀开成片条状从一头卷起成筒形，再擀开呈片条状（宽 3.5 厘米、厚 0.3 厘米）后从一头卷起呈筒形，最后横放后从中间切成两圆饼形坯子。将面坯有切口的一面朝上，用擀面杖自中心向四周方向轻轻擀开，成为直接 8.5 厘米、厚 1 厘米的圆饼，并用手指的弯节部位轻轻推挤无切口的一面，使有切口的一面慢慢的隆起，最后成半球形生坯。其余面剂按相同方法制完。

3. 将锅置火上，倒入花生油烧到约 120 摄氏度时，下入生坯（切口的一面朝下），炸约 6 ~ 7 分钟，待制品呈微黄色时，稍升温复炸后将制品捞起，将油沥尽。待制品冷却后，每 2 只上撒上白糖 25 克、青梅末 5 克、糖桂花 25 克和玫瑰花少许即成。

（三）名点特点

饼色淡黄，酥层清晰，香酥松甜，油而不腻。

（四）营养标签（以100克为例）

名点主料	蛋白质/克	脂肪/克	糖类/克	热量/千卡	钙/毫克	磷/毫克	铁/毫克
面粉	11.2	1.5	71.5	344	31	188	3.5

（五）思考与练习

"吴山酥油饼"与名点"大救驾"在制作工艺上有哪些区别？

八、苏 式 月 饼

（一）文化赏析

苏式月饼（见彩图56）是具有浓郁江浙风味的传统特色品种。月饼作为中国的节日食品，为中秋节月圆之夜所食，又取团圆之义，故而得名。月饼的历史悠久，据考证，北宋苏东坡的"小饼如嚼月，中有酥与饴"诗句中的小饼，即为苏式月饼。苏式月饼是以油酥面团为皮坯，其馅心品种丰富，著名的有金腿百果、清水玫瑰、水晶百果等。

（二）用料与制法

【原料】精白面粉700克，熟猪油500克，饴糖50克，热水（90摄氏度以上）180克，熟面粉250克，绵白糖55克，糖渍猪板油丁250克，熟松子仁50克，熟瓜子仁50克，糖橘皮25克，青梅12.5克，糖桂花50克。

【制法】1. 将糖渍猪板油丁切碎，加入熟面粉、绵白糖拌擦均匀，再加入熟猪油200克拌匀，将核桃仁、糖橘皮、青梅等切成小粒，再和其他果仁、蜜饯一起加入拌匀即成百果馅。

2. 取面粉250克放在案板上，开窝后加入熟猪油145克，搓擦成光洁的干油酥面团。剩下的面粉加入剩余的熟猪油、热水、饴糖调和均匀，搓揉成柔软的水油酥面团。

3. 将水油酥面团包住干油酥面团，按扁后擀开成薄片状，然后两头叠向中间成三层，再擀开呈片状，然后从一头卷起呈筒形长条，将条稍搓细后下30个剂子，横放后用手将剂子按成圆坯皮，包入馅心（重约38克）后，在封口处贴上一小方纸，压成厚1厘米的扁形生坯，最后在生坯上盖上红印章。其余面剂按相同方法制完。

4. 将饼坯面朝下整齐地摆放入烤盘内，待炉温在230～250摄氏度时，送入烤箱内，烘烤约10分钟，至饼面呈鼓状、淡黄色时，取出逐一将饼坯翻身，再放入烤箱内烘烤约2分钟取出即成。

（三）名点特点

色泽金黄，油润有光泽，形呈扁鼓状，酥层分明，酥松不腻，肥润甜美。

（四）营养标签（以100克为例）

名点主料	蛋白质/克	脂肪/克	糖类/克	热量/千卡	钙/毫克	磷/毫克	铁/毫克
面粉	11.2	1.5	71.5	344	31	188	3.5

（五）思考与练习

1．"苏式月饼"与"广式月饼"在面条调制上有何区别？

2．列举你所知道的"苏式月饼"种类，并说出其来源。

单元九

粤菜集聚区名点赏析

单元目标

★ 通过学习对粤菜集聚区名点特点有所了解。

★ 掌握粤菜集聚区代表名点制作方法、名点特点及饮食文化相关内容。

★ 熟知代表名点的历史文化及典故来源，掌握每道名点的制作方法与制作关键。

单元介绍

本单元介绍粤菜集聚区代表名点，从名点概述、文化赏析、用料与烹调、名点特点、营养标签与思考练习六个方面着手，恰到好处的将代表名点的历史文化、烹饪工艺与营养成分三大主要模块进行有机统一，从而有效的将学生从单一技能型向综合素质型转变。

9.1　粤菜集聚区名点概述

（一）粤式名点的形成

粤菜集聚区泛指珠江流域及南部沿海地区，粤式面点是以广州地区为代表，兼顾潮洲、东江和港澳，故又称广式面点。它是以岭南小吃为基础，广泛吸取北方各地点心精华，包括六大古都的宫廷面点和西式糕饼技艺发展而成。广东历史文化悠久，秦汉时，番禺（今广州）就成了南海郡治，当时社会稳定，经济繁荣，在客观上促进了地方饮食业和民间食品的发展。正是在这些本地民间小吃的基础上，经过历代的演变和发展，吸取传统面点精华而逐渐形成了今天的粤式面点。娥姐粉果是广州著名的点心之一，它就是在民间传统小吃粉果的基础上，经过历代面点师的不断创新、不断完善而形成的。又如龙江煎堆，不仅驰名粤、港、澳，而且成为粤菜集聚区春节馈送亲友之佳品，它也是在民间小吃基础上发展起来的，至今已有数百年的历史。广州自汉魏以来历经唐、宋、元、明、清，是珠江流域及南部沿海地区的政治、经济、文化中心。在唐代，广州已成为我国著名的港口，外贸发达，商业繁荣，与海外各国经济文化交往密切，是我国与海外各国较早的通商口岸，经济贸易繁荣，饮食文化也相当发达，面点制作技术发展比南方其他地区发展更快，特色尤为突出。19世纪中期，英国发动了侵华的鸦片战争，国门大开，欧美各国的传教士和商人纷至沓来，广州街头万商云集、市肆兴隆。在此环境下，国外各式西点的制作技术也较早地传入广州，广州面点师通过吸取西点制作技术的部分经验，大大丰富了粤式面点。如广州著名的掰酥类面点，就是吸取西点技术而形成的。掰酥一般选用特制的凝结板猪油、牛油、奶油，是专用起酥油中的一种，按比例分别制成油酥面、水油面，先经多层折叠，后经过冰冻结实。由于它的油脂量较多，因此其起发膨松的程度比一般酥皮都要大，各层的张开程度比其他酥皮要宽要分明；又因为它具有一定的筋韧性，受热时产生膨胀要大，从而成为层次清晰分明的多层酥，致使成品松香酥化、入口即化。随着粤式面点品种的日益丰富，粤菜集聚区的茶楼、酒家竞相推出精品名点，其在我国南方地区影响逐步扩大，客观上逐渐形成了自己独有的特点。

（二）粤式面点的发展现状

粤式西点品种有2000多种，面点的品种、款式和风味是由皮、馅和技艺构成。现在，粤式面点的皮有4大类23种，馅有3大类46种。粤菜集聚区的面点师们凭着高超的技艺，将这些不同的皮、馅多方式的组合，制成各种各样的美点。其中，由于受传统文化、社会发展、行业比赛、餐饮业竞争、民众消费心理变化等诸多因素的影响，有些品种逐渐被淘汰，有些品种则越传越广，从而发展成为粤式名点之一。粤式面点中的著名品种有虾饺、奶黄包、糯米鸡、鲜虾荷叶饭、龙江煎堆、娥姐粉果、大良膏煎、竹筒饭、叉烧包、干蒸蟹黄烧麦、掰酥鸡粒饺、绿茵白兔饺、鲜奶鸡蛋挞、沙河粉、卷肠粉、蜂巢荔芋角、蕉叶粑、鸡油马拉糕等。

（三）粤式名点的主要特点

粤式名点，富有南国风味，自成一家。近百年来，又吸取了部分西点制作技术，品种更为丰富，以讲究形态、花色著称，坯皮使用油、糖、蛋较多，营养丰富，馅心多样，制作工艺精细，味道清淡鲜滑，特别是善于利用荸荠、土豆、芋头、山药、薯类及鱼虾等做坯料，制作出丰富多彩的名点。

1. 坯皮众多、品种丰富。据有关资料统计，粤式面点坯皮有4大类23种，馅有3大类46种之多，能制作各式点心。按经营形式可分为日常点心、星期点心、节日点心、旅行点心、早晨点心、西式点心、招牌点心、四季点心、席上点心、点心筵席等。粤菜集聚区的面点师精英提取粤式面点的精华，凭着高超的技艺，根据各种点心坯皮类型、馅心配合，研制出精美可口、绚丽缤纷、款式繁多、不可胜数的粤式名点。米及米粉制品是其历史传统强项，品种除糕、粽外，还有煎堆、米花、沙壅、白饼、粉果等外地罕见品种。

2. 馅心广泛、口味多样。各式名点馅心之所以选料广泛，是因为粤地物产丰富，五谷丰登，六畜兴旺，四季常青，蔬果不断。正如屈大均在《广东新语》中所说："天下所有之食货，粤东几尽有之，粤东所有之食货，天下未必尽有之。"原料的广泛、丰富，给馅心制作提供了丰富的物质基础。粤式名点馅心用料包括肉类、海鲜、水产、杂粮、蔬菜、水果、干果以及果实、果仁等。如叉烧馅心，为粤式名点所独有。除独特风味的叉烧馅心外，还有别具一格的用面捞芡拌和的制馅方法。由于粤地处亚热带，气候较热，所以大多粤式名点口味较清淡。

3. 善于吸收、技法独到。粤式名点使用皮料的范围极广，多达几十种，其中不少配料、技法还吸收了西点制作技艺，坯皮较多地使用油、糖、蛋，制品营养丰富，并且基本实现了本土化，如擘酥、岭南酥、甘露酥、士干皮等。粤式名点外皮制作技法独特，一般讲究皮质软、爽、薄，如粉果的外皮"以白米浸至半月，入白粳饭其中，乃春为粉，以猪脂润之，鲜明而薄。"馄饨的制皮也非常讲究，以全蛋液和面制成的，极富弹性。包馅品种要求皮薄馅大，故对制皮和包馅技术要求很高，要求皮薄而不露馅，馅大以突出馅心的风味。此外，粤式名点还擅长用某些植物的叶子包裹坯料制成面点。如"东莞以香粳杂鱼肉诸味，包荷叶蒸之，表里香透，名曰荷包饭。"如此则产生清香、味美、爽口的独到风味。

4. 季节性强、应时迭出。粤式名点常依四季更替、时令果蔬应市而变化，浓淡相宜，花色突出。要求是夏秋宜清淡，春季浓淡相宜，冬季宜浓郁。春季常有礼云子粉果、银芽煎薄饼、玫瑰云霄果等；夏季有生磨马蹄糕、陈皮鸭水饺、西瓜汁凉糕等；秋季有蟹黄灌汤饺、荔浦秋芽角等；冬季有八宝甜糯饭、腊肠糯米鸡等。

9.2 粤菜集聚区代表名点赏析

一、鲜奶鸡蛋挞

（一）文化赏析

蛋挞（见彩图 57）是欧洲传来的食品，英文叫 custard tart，custard 是一种用牛奶、鸡蛋和糖做成的冻，中国人称其为"蛋"，tart 则取其音。所以往往误写作"塔"。

这种蛋挞，早在中世纪就出现了，不过看上去跟现在的蛋挞很不一样。按照现在的做法，皮会很软；中世纪做蛋挞时，既没有蛋挞模，又没有齿轮切割器，蛋挞皮要用手捏起来，故蛋挞皮发得很硬，所以吃中世纪的蛋挞，其实是在吃蛋汁而不是吃皮。还有另外一个原因，就是做蛋挞皮要放一定量糖，中世纪糖很贵，所以糖只加到蛋汁里，至于外面的壳则给穷人、乞丐吃或者扔掉。

中国人知道蛋挞是在香港被割让后，英国人的蛋挞传到了香港，香港人便开始仿制，甚至比英国人做得更好。蛋挞店除了卖蛋挞外，还卖奶茶和咖啡。那时候的蛋挞要比现在的蛋挞大两三倍，甚至有一段时间，一个大蛋挞配一杯咖啡或奶茶成了香港人的标准早餐。20 世纪 60 年代，香港逐渐富裕起来，香港人开始在蛋挞里加燕窝、鲍鱼之类原料，用于"大补"。但过了几年，这种蛋挞又没有了。因此，有人说蛋挞可以反映香港的经济。按照英国传统做法，蛋挞皮和蛋汁里都要加肉蔻，但香港人不喜欢吃这种有辛辣味的蛋挞，所以现在香港茶楼里的蛋挞都比较清淡。

蛋挞皮有两种：一种是酥皮，英文叫 puff pastry，是一种一咬下去面渣四溅的蛋挞皮；另外一种便是牛油皮，英文叫 short crust pastry，要加很多黄油，因此有一种曲奇的味道。一开始在香港只有酥皮，后来泰昌饼店（一家香港很有名的蛋挞店）用曲奇面团做蛋挞皮，大获成功。现在香港做蛋挞做得好的，一家就是泰昌饼店（简称泰昌），另一家是檀岛冰室（简称檀岛）。泰昌主要做牛油皮，而檀岛主要做酥皮。香港最后一任港督彭定康（Chris Patten）特别青睐泰昌蛋挞，所以泰昌蛋挞又被叫做肥彭蛋挞。檀岛蛋挞皮有水皮和油皮之分：水皮以鸡蛋为主，油皮则以牛油和猪油为主，蛋挞皮用两层水皮包一层油皮，呈一块三明治状，这样烘焙起来更有层次。据说水皮油皮是香港人后来发明的。此外，香港人做蛋挞，只用中国鸡蛋不用美国鸡蛋，原因是他们认为美国鸡蛋不如中国鸡蛋的蛋味浓。

（二）用料与制作

【原料】低筋面粉 270 克，高筋面粉 30 克，酥油 45 克，片状马琪琳 250 克，水 150 克，鲜奶油 210 克，牛奶 165 克，低筋面粉 15 克，细砂糖 63 克，蛋黄 4 个，炼乳 15 克。

【制法】1. 将高粉、低粉、酥油、水混合，拌成面团。水不要一下子全倒进去，要逐渐添加，并用水调节面团的软硬程度，揉至面团表面光滑均匀即可。用保鲜膜包起面团，松弛 20 分钟。

2．将片状马琪琳用塑料膜包严，用走锤敲打，把马琪琳打薄一点。这样马琪琳就有了良好的延展性。不要把塑料膜打开，用压面棍把马琪琳擀薄。擀薄后的马琪琳软硬程度应该和面团硬度基本一致，取出马琪琳待用。

3．案板上施薄粉，将松弛好的面团用压面棍擀成长方形。擀时四个角向外擀，这样容易把形状擀得比较均匀。擀好的面片，其宽度应与马琪琳的宽度一致，长度是马琪琳长度的 3 倍。

4．把马琪琳放在面片中间，将两侧的面片折过来包住马琪琳，然后将一端捏死，从捏死的这一端用手掌由上至下按压面片。按压到下面的一头时，将这一头也捏死。将面片擀长，像叠被子那样四折，用压面棍轻轻敲打面片表面，再擀长，这是第一次四折。将四折好的面片开口朝外，再次用压面棍轻轻敲打面片表面，擀开成长方形，然后再次四折，这是第二次四折。四折之后，用保鲜膜把面片包严，松弛 20 分钟。

5．把三折好的面片再擀开，擀成厚度为 0.6 厘米、宽度为 20 厘米、长度为 35 ~ 40 厘米的面片，并用壁纸刀切掉多余的边缘进行整型。

6．将面片从较长的这一边开始卷起来，把卷好的面卷包上保鲜膜，放在冰箱里冷 30 分钟，进行松弛。松弛好的面卷用刀切成厚度为 1 厘米左右的片。

7．将片放在面粉中沾一下，然后沾有面粉的一面朝上，放在未涂油的挞模里。用两个大拇指将其捏成塔模形状，然后在模内涂上油后装模。

8．将鲜奶油、牛奶、炼乳、砂糖放在小锅里，用小火加热，边加热边搅拌，至砂糖溶化时离火，略放凉。然后加入蛋黄，搅拌均匀。

9．最后将蛋挞水浇入模中，用 200 摄氏度的温度将蛋塔烤熟即可。

（三）名点特点

色泽鲜艳，酥脆松化，香甜可口。

（四）营养标签（以100克为例）

名点主馅料	蛋白质 / 克	脂肪 / 克	糖类 / 克	热量 / 千卡	钙 / 毫克	磷 / 毫克	铁 / 毫克
鲜牛乳	1.5	3.5	3.4	247	82	98	0.5

（五）思考与练习

1．鲜奶鸡蛋挞制作的关键是什么？

2．与普通蛋糕制作相比，鲜奶鸡蛋挞的制作有哪些优点？

二、蜂巢荔芋角

（一）文化赏析

蜂巢荔芋角（见彩图58）是广东茶楼茶市常备的点心，用芋泥作皮，瘦肉、冬菇等炒熟后作馅，包制成角形，下油锅炸制而成。其皮色金黄，表层小眼密布，形状仿如蜂巢，外皮酥脆，内层软滑，吃起来外酥脆、内松软，馅有少许肉汁，有种咸咸甜甜的滋味，非常鲜美香浓。广西、海南均盛行蜂巢芋角。以广西荔浦所产的香芋做得最佳，故又称蜂巢荔芋角。

传说这道点心的题名人是林则徐。当年，林则徐驻守虎门时爱上了岭南点心，并经常要求厨师更新花式品种。一天，厨师正苦思冥想，偶见墙角刚买来的应节芋头，遂灵机一动，把芋头蒸熟之后，再炸香做出了一道形如蜂巢的点心。林则徐一吃倾心，大赞之余就帮它起了个名字叫"蜂巢秋芋角"。一只漂亮蜂巢芋角，外表颜色金黄松化，内里香软细腻。不过由于它表面那层"蜂巢"，要求对澄面和油脂的比例把握精准，在和面的时候油温要掌握恰当，才能起足如层叠象牙球雕般的4层酥来，而且不能下臭粉"偷步"，否则酥皮吃起来会带上苦味。

作为广东名点的蜂巢芋角，并不是浪得虚名的。据莲香楼的张雪清介绍，蜂巢芋角做得好吃有两个秘诀：一是选用的芋头一定要新鲜、起粉；二是炸制的功夫非常讲究，火候要掌握好。

（二）用料与制作

【原料】澄面300克，香芋500克，猪油80克，瘦肉75克，鲜虾肉50克，鸡脯肉75克，胡椒粉2克，白糖100克，葱，姜，盐，鸡精，花生油等适量。

【制法】1．将香芋去皮，芋头蒸熟后趁热压成泥；澄面蒸熟备用。

2．熟澄面加入芋泥搓匀，加入适量胡椒粉、盐、味精调味，再加入3匙猪油，搓成光滑芋团。

3．将瘦肉、鲜虾肉、鸡脯肉剁成细末，炒断生，起锅加调料拌匀，入冰箱冻一下。

4．将芋团下剂，包入肉馅成角形，下锅油炸至金黄色起蜂巢时捞起沥油便可。

（三）名点特点

色泽金黄，形如蜂巢，外皮质地酥松、甘香诱人，内馅咸香、细嫩可口。

（四）营养标签 （以100克为例）

名点主馅料	蛋白质／克	脂肪／克	糖类／克	热量／千卡	钙／毫克	磷／毫克	铁／毫克
猪瘦肉	20.2	7.9	0.7	155	6	184	1.5

（五）思考与练习

1．蜂巢荔芋角的制作关键点有哪些？

2. 蜂巢荔芋角与咸水角的制作有哪些不同点?

三、西 樵 大 饼

(一) 文化赏析

传说明代弘治年间,方献夫任吏部尚书时,一天四更起床,准备用早点,岂料仆人迟迟没拿上来。他到厨房一看,原来是厨子起床迟了来不及做点心。方献夫见案板上有已发酵好的面团,便急中生智,叫厨子在面团中加上鸡蛋和糖揉匀,做成一个大饼,放在炉子上烤。一会儿饼烤熟,方献夫用布包好,匆匆上朝去了。

方献夫来到朝房,见还有时间,便拿饼子就着清茶吃了起来,饼子松软甘香,十分可口。同僚们闻到饼香四溢,都咽口水了,有的官员还探头过来问吃什么饼。方献夫故乡情浓,不假思索地说:"这是西樵大饼。"散朝后,方献夫命厨子如法炮制,做了几十个大饼,第二天上朝时带到朝房,分给同僚享用。同僚们边吃边啧啧称赞大饼可口,此后"西樵大饼"便在朝中扬名了。方献夫也经常命厨子烤制,供自己吃或招待客人。

后来方献夫称病还乡,在西樵山设石泉书院讲学 10 年,将制饼方法教给山民。好方法加上西樵山的好泉水,制出来的西樵大饼 (见彩图 59) 更加可口了。

到了清末民初,西樵大饼做得最好的是离西樵山不远的民乐圩饼家,其制出来的西樵大饼除了甘香、松软、清甜外,还有刀切不掉渣,存放时间较长的特点,广州、佛山的商人纷纷仿制,但色、香、味均无法与地道的西樵大饼媲美。

如今,西樵山的大饼已有 500 多年历史,远近驰名。西樵大饼外型圆,一般重 0.5 千克,大的有 1 千克,小的也有 50 克左右。其颜色白中微黄,不起焦,入口松软,清香甜滑,食后不觉干燥,可与鸡蛋糕媲美。通常选上等白面粉、白糖、猪油、鸡蛋,配上山上甘泉水,发酵后,做成饼形,在炉中烘制而成。又因西樵大饼形如满月,有寓花好月圆的好意境,因此西樵人嫁娶喜庆、探亲和过年过节,以此作礼品送人。

(二) 用料与制作

【原料】面粉 500 克,白糖 350 克,猪油 50 克,清水 210 克,鲜酵母 5 克,食粉 2.5 克,鸡蛋,枧水等适量。

【制法】1. 先将面粉 350 克、清水 210 克、鲜酵母 5 克混合,待发起后加入白糖 350 克成为面种,发酵 1 ~ 2 天,最后在面种中加入面粉 150 克、猪油、食粉、枧水搅拌,成为面团。

2. 将面团搓成扁圆形,放入已撒上扑面粉的饼盘内,再在饼面上撒上扑粉,入炉用中火烘烤成熟即可。

(三) 名点特点

闻之甘香,质地绵软,口味清甜。

（四）营养标签（以100克为例）

名点主馅料	蛋白质／克	脂肪／克	糖类／克	热量／千卡	钙／毫克	磷／毫克	铁／毫克
鸡蛋	13.3	8.8	2.8	144	56	130	2

（五）思考与练习

1．西樵大饼制作关键点有哪些?

2．与普通大饼制作相比，西樵大饼的制作存在哪些优点?

四、娥 姐 粉 果

（一）文化赏析

很久以前，广州西关是达官显贵集居的繁华地方。相传某官僚雇了一个名叫娥姐的女佣，模样漂亮，聪明伶俐，能做几道细点。有一天，主人请客，让她做几样细点。她琢磨再三，决定做一道别人没吃过的点心。她把晒干的大米饭磨成粉，用开水和好做皮，以炒熟的猪肉、虾、冬菇、竹笋末做馅，包好上笼蒸熟，称为粉果。客人尝后，无不称奇。于是，粉果渐渐被官僚们传扬开。

后来，一座名号叫"茶香室"的茶馆老板得知此事，他灵机一动，觉得这"粉果"是大可利用的生财之品。于是，他用重金聘用娥姐为其制作粉果。

"茶香室"规模不大，但很讲究。老板为了招徕顾客，特别为娥姐搞了个玻璃棚子，让娥姐坐在棚内制作粉果。为提高粉果的知名度，又将其更名为"娥姐粉果"。这样，顾客不但可以品尝娥姐粉果（见彩图60），而且还可以看看漂亮的娥姐如何做粉果。于是，茶室生意越来越好，娥姐粉果也越来越出名了。其他酒楼、茶室一见，纷纷仿制起来，就这样，娥姐粉果越传越广。

现在的娥姐粉果是用澄面和生粉做皮，用猪肉、叉烧肉、冬菇、笋肉、生虾肉、白糖、酱油、精盐、味精、白酒、胡椒粉、蚝油等做馅。每个粉果包馅30克，要包得满而不实，形如榄核，捏口不留指痕，摇之有声。包好后，别具风味。

（二）用料与制作

【原料】 澄粉400克，栗粉100克，瘦猪肉600克，鲜笋片500克，猪油400克，生粉100克，叉烧肉500克，蟹肉100克，虾肉500克，蚝油30克，精盐60克，酱油60克，香草叶、蟹黄、马蹄粉、白糖各适量，胡椒粉、香油、味精等少许。

【制法】 1．把澄粉、生粉、栗粉混合倒入盆内，浇入开水500克，用擀面杖急速搅匀，倒在案板上，放入猪油25克搓至韧滑，然后切成约15克的小块，稍扁，擀成薄圆皮。

2．将猪肉、虾仁、鲜竹笋、叉烧肉、蟹肉等全切成指甲片。

3．锅内倒入猪油400克，上火烧热，用湿马蹄粉将猪肉、虾肉搅拌均匀，下油锅稍炸即捞出，沥干油。将锅内油倒出，留适量底油，用湿马蹄粉把鲜笋片、叉烧肉、蟹肉、蚝油拌匀倒入锅内，放入精盐、酱油等煸炒成熟，随即加入已炸好的瘦肉和虾肉，拌匀成馅心。

4. 取圆皮捏成窝，放入 30 克馅心，捏成橄榄核形。包馅时，可把香草叶和蟹黄加在馅心上面，则蒸熟后皮外红绿相映，让制品增添美色。

5. 将蒸锅上火，上气时把生坯摆入笼内，用旺火蒸约 5 分钟即熟。

（三）名点特点

形如橄榄核，色泽诱人，皮质滑爽，内馅咸香细嫩可口。

（四）营养标签（以100克为例）

名点主馅料	蛋白质 / 克	脂肪 / 克	糖类 / 克	热量 / 千卡	钙 / 毫克	磷 / 毫克	铁 / 毫克
瘦猪肉	2.4	88.6	1.5	807	3	18	1

（五）思考与练习

1. 娥姐粉果制作关键点有哪些？

2. 比较一下娥姐粉果与绿茵白兔饺的制作？

五、干蒸烧麦

（一）文化赏析

提起干蒸烧麦（见彩图 61），众说不一。

有传说是早年呼和浩特的烧麦是由茶馆出售，食客一边喝着浓酽酽的砖茶或各种小叶茶，吃着糕点，一边就着吃热腾腾的烧麦，所以烧麦又称为"捎卖"，意即"边烧美丽"。还有说，北京的烧麦传到山东、浙江、安徽和广东等地后，因"麦"与"卖"京音相谐，传来传去传讹了。也有说，因为北京的烧麦大都是早晨卖得多，早晨称"晓"，故而得名"晓卖"，南方人"晓"和"烧"发音相近，后来又传成了烧麦。在历史上，在呼和浩特还是名为"归化市"的时候，烧麦就已经名播京师。当时的北京、天津等地都以"归化城烧麦"或者"正宗归化烧麦"的招牌吸引顾客。

干蒸烧麦有猪肉干蒸烧麦和牛肉烧麦两种。其中牛肉烧麦的历史有七八十年之久，猪肉烧麦的历史更长。在 20 世纪 30 年代，干蒸烧麦已风靡广东各地，近 20 年来，又传遍广西的大中城市，成为岭南茶楼、酒家茶市常备之品。

（二）用料与制作

【原料】面粉 500 克，鸡蛋 150 克，碱水 5 克，清水 125 毫升，玉米粉 250 克（打皮用），瘦猪肉 150 克，鲜虾 250 克，水发冬菇 50 克，味精 12 克，精盐 10 克，白糖 15克，大油 50 克，生抽 15 克，香油 10 克，胡椒粉少许。

【制法】1. 把面粉放在案板上开窝，放入鸡蛋、清水、碱水和匀搓揉滑，用湿布包起来饧

15分钟。将面团搓成细长条，再用刀切成厚约6毫米的小圆片，用小走槌把小圆片放在干玉米粉里擀成带花边样的小饼皮待用。

2．把瘦肉切成粒放入盆内，然后加适量盐、生油、味精搅一下。将大虾去皮整理干净，剁烂放入另一个盆里加入盐、味精进行摔打、搅和起胶，再把剩余的肥肉、冬菇切成小粒，再和瘦肉、虾三味合成一体，把所有的调料放入搅匀即成馅。

3．左手拿皮，右手用尺板拨15克馅放入皮内，用拇指和食指收口，再加上尺板按平，边压边收，成圆形，从顶部可见一点馅心。包好后，放在刷过油的小笼屉上，每笼放4个，烧麦张嘴处可加点香肠末或蛋黄蓉加以点缀。蒸时要用大气，约7分钟即可（时间过长易脱皮）。

（三）名点特点

色泽鲜艳，口味鲜美、质地爽润。

（四）营养标签（以100克为例）

名点主馅料	蛋白质／克	脂肪／克	糖类／克	热量／千卡	钙／毫克	磷／毫克	铁／毫克
鲜虾肉	16.4	2.4	3.9	84	325	186	4.0

（五）思考与练习

1．干蒸烧麦制作关键点有哪些？
2．比较干蒸烧麦与翡翠烧麦制作存在哪些不同点？

六、鲜虾荷叶饭

（一）文化赏析

"泮塘荷叶尽荷塘，姊妹朝来采摘忙。不摘荷花摘荷叶，饭包荷叶出花香。"这首诗赞美了荷叶饭的清香赛过了妩媚的荷花，极言荷叶之味美。每到夏季，暑热难耐，如果吃上一些荷叶饭，其扑鼻清香会使你食欲大振，溽暑皆忘。

荷叶饭的历史悠久。据清初《广东新语》记载："东莞以香粳、杂鱼、肉诸味包荷叶蒸之，表里香透，名曰'荷叶饭'。"实际上荷叶饭的历史比史书记载的还早，早在公元6世纪时就有了。

相传陈高祖武帝陈霸先还没当上陈国皇帝之前，是梁朝会稽太守。公元551年夏季，陈霸先奉命率兵镇守京口重镇。当时北齐以7万兵力进攻京口，陈霸先死守京口，双方对持了一个多月。北齐兵围城，京口城内军民缺粮。附近的老百姓听说后，就积极想办法支援陈军。当时正值夏季，荷叶满塘。老百姓便摘荷叶包饭，再夹上鸭肉、菜等，偷偷送进京口城里，支援陈霸先打了胜仗。后来，陈霸先做了陈国皇帝，还常常吃这种别有风味的饭。从此，荷叶饭便逐渐传开，成为广东雅俗共赏的一个传统佳肴，一直流传至今。

现在，鲜虾荷叶饭（见彩图62）已成为广东人喜食的夏令食品，尤以广州茶楼酒家的最负盛名。

（二）用料与制作

【原料】大米 500 克，清水 500 克，生油 25 克，虾仁、叉烧肉、瘦猪肉、烧鸭肉、冬菇等适量。

【制法】1. 将好大米洗净（最好用丝苗米），放在盆里，500 克大米配 500 克清水、25 克生油，搅匀，放在锅内隔水蒸熟。

　　　　2. 然后取出摊开晾凉，保持松散。将虾肉仁、叉烧肉、瘦猪肉、烧鸭肉、冬菇等切成小丁，炒熟。

　　　　3. 最后将其混合作馅放入饭中，用新鲜荷叶包裹，再放入笼中用大火蒸 20 分钟即可。

（三）名点特点

色泽诱人，清香、味美、爽口。

（四）营养标签（以100克为例）

名点主馅料	蛋白质 / 克	脂肪 / 克	糖类 / 克	热量 / 千卡	钙 / 毫克	磷 / 毫克	铁 / 毫克
鲜虾肉	16.4	2.4	3.9	84	325	186	4.0

（五）思考与练习

1. 鲜虾荷叶饭制作关键点有哪些？
2. 比较鲜虾荷叶饭与蛋炒饭的制作特点？

七、竹　筒　饭

（一）文化赏析

从南北朝以后，民间开始有粽子，源自百姓祭奠屈原的说法。

南朝梁的吴均在《续齐谐记》中写道："阴历五月五日屈原投汨罗而死，楚人哀之。每至此日，竹筒贮米，投水祭之。汉建武中，长沙欧回，白日忽见一人，自称三闾大夫，谓曰：'君当见祭，甚善。但常所遗，苦蛟龙所窃。今若有惠，可以楝树叶塞其上，以五彩丝缚之。此二物，蛟龙所惮也。'回依其言。世人作粽，并带五色丝及楝叶，皆汨罗之遗风也。"

粽子与屈原相关的说法，由于其浪漫主义色彩而被广为传颂，屈原的民族英雄气节，因其崇高而感染代代人去纪念他。公元前 278 年五月初五，他投江的消息一传出，为了不让鱼虾损伤他的躯体，人们纷纷用竹筒装米投入江中。以后，为了表示对屈原的崇敬和怀念，每到这一天，人们便用竹筒装米，投入江中祭奠，这就是我国最早的"筒粽"的由来，也就是所谓的竹筒饭。

现如今，竹筒饭（见彩图 63）在傣族已发展成为具有深厚文化底蕴的绿色食品和生态食品，且是一种珍贵的民族文化遗产。大米做饭的方法是焖或蒸，但在云南边疆傣族、景颇族等少数民族中还流行着一种用竹筒烧饭的特殊方法。竹筒饭，又名香竹饭，做法简单易行。竹筒饭是傣族、哈尼族、拉祜族、布朗族、基诺族、景颇族等众多民族经常做的一种风味饭食，有普通竹筒饭和香竹糯米饭两种。傣族喜欢吃香竹糯米饭，其他民族喜欢吃普通竹筒饭。做竹筒饭，先准备好新鲜的香竹竹筒，然后把泡好的米装入竹筒内，加入适量的水，用鲜叶子把口塞紧，然后放在火上烧烤。当竹筒表层烧焦时，饭就熟了。劈开竹筒，米饭被竹膜所包，香软可口，有香竹之清香和米饭之芬芳。随着现代生活节奏加快，烧制竹筒饭逐步演变蒸竹筒饭了，竹子特有的香味随着高温散发在米饭之中，发出醉人的香味。

（二）用料与制作

【原料】糯米 250 克，豌豆 150 克，鸡腿肉 100 克，广味香肠 100 克，银耳 2 大朵，竹荪 4 棵，笋尖 150 克，白糖 1 大匙，干红葡萄酒 3 大匙，蚝油 2 大匙，生抽 3 大匙，甜面酱 1 大匙，盐适量。

【制法】1. 取两头带结的鲜竹筒，纵剖开。

2. 银耳 2 大朵，用温水泡发开；竹荪 4 棵，用水泡发开；笋尖 150 克，在沸水中煮几分钟。

3. 糯米用清水泡 4 小时以上，加入所有调料和鸡肉，腌 30 分钟以上；笋尖、香肠均切粗粒；银耳切碎；竹荪横向切圈。

4. 半小时后将所有用料全部放碗里拌匀。

5. 把糯米装入没敲节结那一半的竹筒里，稍压紧实，盖上另一半竹片，再用棉线缠绑住，放蒸锅中小火蒸 2 小时，取出后剪掉棉线，开盖即可食用。

（三）名点特点

竹节青翠，米饭透明，香气飘逸，柔韧适口。

（四）营养标签（以100克为例）

名点主料	蛋白质 / 克	脂肪 / 克	糖类 / 克	热量 / 千卡	钙 / 毫克	磷 / 毫克	铁 / 毫克
大米	7.4	0.8	77.2	346	13	110	2.3

（五）思考与练习

1. 竹筒饭制作有哪些关键点？

2. 比较竹筒饭与鲜虾荷叶饭制作的不同点？

八、糯　米　鸡

（一）文化赏析

史书中记录的古代糯米鸡是以糯米、瑶柱、虾干粒或去骨的鸡翼等作馅料精制而成，且每份的量较大。而传说中广式糯米鸡则起源于 20 世纪 50 年代前广州的夜市，最初是用碗盖着糯米、鸡肉、叉烧肉、咸蛋黄、冬菇等原料蒸熟而成，后来因为小贩图肩挑出售方便，改为用荷叶包裹蒸制。后来，随着地方饮食业的发展，糯米鸡（见彩图 64）逐渐传入茶楼、酒店。

糯米鸡还有另一传说。很久以前，泮塘（即现广州荔湾湖公园附近）一带有一个鸡贩，每天穿街过巷卖鸡。有一天，他打算把卖剩下的一只鸡拿回家蒸给家人吃。他正想把准备好的鸡放到碟子里时，不小心手一滑，把碟子打碎了。因为当时人们都很穷，家里的碟子就只有一个，打碎了又不能马上买到，怎么办呢？于是鸡贩就把切好的鸡块放到饭锅里，和饭一起蒸熟。当吃饭时，他却发觉很好吃。于是他灵机一动，每天晚上都做这种滑鸡蒸饭当夜宵卖。出人意料的是，这种食品非常受欢迎。有食客向他提议，如果把做饭的米改成糯米，会更加可口，于是糯米鸡就诞生了。泮塘附近的酒楼也争相模仿，而且泮塘盛产荷叶，于是厨师们就用荷叶包裹饭团，里面再加上冬菇、虾米、咸蛋等各种配料，就演变成今天的广州美食了。

目前，糯米鸡已发展成为中国广式名点的一种。由于传统每份糯米鸡的量较大，再加上糯米较难消化，吃一份糯米鸡已差不多吃饱。因此，从 1980 年起始，广东酒楼依据大众饮食消费心理，推出材料相同，而体积减半的"珍珠鸡"，深受顾客好评。

（二）用料与制作

【原料】 糯米 900 克，鸡胸肉 300 克，玉米 50 克，香菇 100 克，火腿 100 克，荷叶 3 张，蚝油、胡椒粉、黄酒、酱油、糖、盐、香油、生姜、鲜汤等适量。

【制法】
1. 糯米用清水浸泡 2 小时，沥干水，加一点香油和适当的水，上锅大火蒸 30 分钟至熟，加蚝油、胡椒粉、酱油、糖和盐拌匀。
2. 鸡肉切丁后，用黄酒、酱油、蚝油、糖、生姜加胡椒粉腌 30 分钟；香菇用热水发好切丁；火腿切丁。
3. 炒锅上火，将鸡丁、香菇、玉米、火腿倒入锅内煸炒片刻后，加入精盐、生抽、白糖、味精调成咸鲜味，然后加入少许鲜汤勾芡出锅，再放香油、胡椒粉适量，制成炒鸡丁，摊开备用。
4. 将鲜荷叶撕成两半，再刷一层花生油铺开（如选干荷叶则要用热水浸泡约 20 分钟使之回软，洗净沥干水才可用）。
5. 糯米饭适量放在荷叶上按扁，铺一层炒鸡丁，然后再盖上一份糯米饭，将荷叶包成四方形包袱状，放入蒸笼内用大火蒸约 20 分钟即成。

（三）名点特点

色泽多彩，白、红、黄、棕、绿五色相映，清香扑鼻，鲜味四溢，润滑爽口，风味独特。

（四）营养标签（以 100 克为例）

名点主料	蛋白质 / 克	脂肪 / 克	糖类 / 克	热量 / 千卡	钙 / 毫克	磷 / 毫克	铁 / 毫克
糯米	7.3	1.0	77.5	348	26	113	1.4

（五）思考与练习

1．糯米鸡制作有哪些关键点？
2．比较糯米鸡与荷叶粉蒸肉制作的不同点？

九、龙江煎堆

（一）文化赏析

明末清初的《广东新语》记载："广州之俗，岁终，以烈火爆开糯谷，名曰爆谷，为煎堆心馅。煎堆者，以糯粉为大小圆，入油煎之，以祀先祖及馈亲友者也。"煎堆在广东，犹如北方人过年的饺子，家家都要吃，故有"年晚煎堆，人有我有"之谚语。这一习俗在广东一直流传到现在。

现在，煎堆，这种广东地区家喻户晓的古老小吃，广东人不仅没有忘记它，而且还将其发扬光大。5年前，粤人在广东清远与广州花都的交界处，建了一个叫"故乡里"的古村落。村里的一砖一瓦、一个个老物件都有上百年的历史。准确地说，"故乡里"是一座表现岭南民俗的主题公园，它采用原址搬迁的方式，直接选取岭南水乡的古旧材料，真实再现岭南古村的传统风貌，是广东省首个集中华民间绝艺展示、古建筑群落展现、民俗风情表演为一体的古村落。其中，尤其引人注目的是，有一处宅院里用蜡像形式再现了古代岭南小户人家正在"炸煎堆"的情景——用糯米粉包着和糖的苞谷，放到油镬里炸透，就成了甜滋滋、香喷喷的煎堆。让人仿佛又回到了古岭南人过春节的久远时代。正因为粤人对煎堆的偏爱，如今煎堆才成为广东人喜爱的日常食品，"龙江煎堆"（见彩图65）才会为广东地区的特色名点。

（二）用料与制作

【原料】糯米粉1.3千克，白糖250克，红糖1.6千克，饴糖250克，爆谷1.5千克，花生仁250克，芝麻250克，花生油4500克（约耗250克）。

【制法】1．将爆谷去掉杂质，花生仁去掉红衣；锅放火上，加入水适量烧开，加入红糖、麦芽糖煮至浆浓，将起丝时，端离火口，加入爆谷、花生仁拌匀，分成60份，趁热迅速捏成爆谷团即可。

2．取糯米粉400克、清水适量揉匀成团；清水适量入锅烧开，加入粉团煮开；取糯米粉900克放在案板上，中间刨坑，将白糖放入窝内，再将煮熟的粉团趁热倒入窝中揉匀成粉团即可。

3．将粉团分成重约40克的剂子60个，每一个包入馅心一份，捏成圆球形，表面粘匀芝麻即可。

4．锅上火，倒入油加热至四成热时，下生坯，先小火炸熟，后中火炸至色泽金黄，捞起沥油装盘即可。

（三）名点特点

形态美观，色泽金黄，口感酥松，香甜爽口。

（四）营养标签（以100克为例）

名点主料	蛋白质/克	脂肪/克	糖类/克	热量/千卡	钙/毫克	磷/毫克	铁/毫克
糯米	7.3	1.0	77.5	348	26	113	1.4

（五）思考与练习

1. 龙江煎堆制作关键点有哪些？
2. 比较龙江煎堆与普通煎饼制作的不同点？

单元十

清真餐饮集聚区名点赏析

单元目标

★ 通过学习对清真餐饮集聚区名点特点有所了解。

★ 掌握清真餐饮集聚区代表名点制作方法、名点特点及饮食文化相关内容。

★ 熟知代表名点的历史文化及典故来源，掌握每道名点的制作方法与制作关键。

单元介绍

　　本单元介绍清真餐饮集聚区代表名点，从名点概述、文化赏析、用料与烹调、名点特点、营养标签与思考练习六个方面着手，恰到好处的将代表名点的历史文化、烹饪工艺与营养成分三大主要模块进行有机统一，从而有效的将学生从单一技能型向综合素质型转变。

10.1 清真餐饮集聚区名点概述

清真菜集聚区包括陕西、甘肃、青海三省和宁夏与新疆两个自治区，地形以高原、山地为主，纵横的山脉和河流之间，分布有大量的盆地和少量的谷地及平原。气候以大陆性温带气候为主，夏热冬冷，日夜温差大，降水量少，空气干燥，属干旱和半干旱地区。农业以灌溉农业为主，主要的农作物有小麦、棉花、谷子、糜子、胡麻、玉米、青稞、水稻、荞麦等，加之发达的畜牧业，为西北地区的饮食发展提供了丰富的原材料。

根据西北地区的人口居住分布和饮食文化特点，我们可以将西北饮食划分为三大饮食文化圈：以陕西、宁夏为代表的三秦饮食文化圈；以甘肃兰州、临下、西宁为中心的陇青饮食文化圈；以新疆天山南北为代表的天山饮食文化圈。

天山饮食文化圈内著名的地理特征是"三山夹两盆"。北依阿尔泰山脉，南盘昆仑山系，横亘中部的天山把新疆分成南北两半，南边为塔里木盆地，北边为准噶尔盆地，素有南疆、北疆之称。天山南北众多河流交错，湖泊众多，为工农业和牧业提供了充足的水源。天山南北地处欧亚大陆桥交通中部，又具有特殊多样性的自然条件非常有利于东西方动植物品种的交流与繁殖。这里温带作物齐全，粮食作物以小麦、玉米、水稻为主，占粮食总量的90%以上。此外，还有高粱、大麦、谷子、大豆、豌豆、蚕豆等。经济作物有棉花、油菜、甜菜、麻类、烟叶、药材等。常见的蔬菜品种有白菜、菠菜、芫荽、甘蓝、胡萝卜、青萝卜、番茄、洋葱、辣椒、茄子、黄瓜、葫芦瓜、芹菜、韭菜、大蒜等20多个品种。瓜果有葡萄、哈密瓜、西瓜、苹果、香梨、杏、桃、石榴、樱桃、无花果、巴旦杏等数十个品种。畜牧业以饲养绵羊最多，其次是马、牛、山羊、驴、骆驼、骡和牦牛，其中以阿勒泰大尾羊和伊犁细毛羊最为优良。另外，还有其他丰富的动植物与鱼类资源。

陇青饮食文化圈地处黄河上游的青藏高原腹地，这里生活着汉族、回族、东乡族、撒拉族、土族、藏族、蒙族等民族。属于大陆性高原气候，冬寒夏热，日照长，雨量少。粮食以小麦、青稞为主，还产大量的杂粮，如豌豆、蚕豆、荞麦、玉米、糜子等。油料作物中以胡麻的产量最大，其次还有菜籽和芝麻。高原地区特有的地理环境和气候条件，造就了蒙古小尾羊、山羊、牛等畜牧产品，为这一地区的特色饮食提供了丰富的物料资源。

三秦饮食文化圈含陕西、甘肃、宁夏地区。宁夏与陕西都属大陆性温带气候，黄河呈"穹"形贯穿这一区域，为这一区域的农牧业提供了丰富的水源。这里富产小麦、玉米、荞麦、高粱等农作物。陕西与宁夏的牧业发达，小尾蒙古羊、山羊、牛、马等是主要的畜牧产品，黄土高原产的黄小米、糜子、高粱、大麦等都是三秦饮食品种的特色原料。

秦汉时，新疆始称"西域"，天山南北的各民族在丝绸之路的扩展下相互交流，东西方的饮食文化因此交融汇合，为这里饮食的发展奠定基础。时至唐代，这里的饮食文化交流达到了空前的繁荣。如今的西北地区名吃和名店中，如牛羊肉泡馍、葫芦头泡馍、臊子面、甑糕、石子馍、芝麻烤馕、酥点、酥饼等都是在这一时期形成的。

从唐代后期至元代，随着伊斯兰教传入中国，清真饮食得到很快发展。7世纪中叶以后，从陆路来长安的阿拉伯、波斯的伊斯兰教商人，在经商的同时也带来了本地区的清真菜点，如回族的油旋饼、油香、馕、馓子等就是这一时期传入的。从海陆来到广州、泉州等地的回族先民，也同样带来了许多面点与菜点，如回族中的甜点"哈鲁瓦"、饦饦馍等在当时的长安就非常流行。至元代，清真面食与饭菜进一步向多样化发展，如《居家必用事类全集》记载的回族清真食品就有"设克儿匹刺"、"糕糜"、"秃秃麻食"、"哈耳尾"、"卷煎饼"、"酸汤"、"八耳塔"、"古刺赤"、"海螺丝"、"即你匹牙"、"哈里徹"、"河西肺"等丰富的品种。这些品种主要流行在陇青饮食区和以长安为中心的三秦饮食文化圈内。唐代中期以后，维吾尔族已定居在天山以南，以前的游牧生活逐步的向农业生活过渡，面食品、米食品、烤馕等逐步占领了饮食生活的主导地位，且不断吸收汉族饮食品种和烹饪方法，充分地发展自己的饮食文化。有关情况在当时长安的胡食酒肆的记载中，有大量的说明。

隋唐时期，汉餐饮食品种主要以长安为中心，品种花样繁多，如胡饭、胡饼、煎饼、羊羔肉、蒸饼、汤饼、馄饨、饺子（扁食）、元宵（汤中牢丸）、五色饼、七返糕、金铃炙、玉露团、小品龙凤糕、打糕、不朵、糕糜、兀都麻（烧饼）、口涅（馒头）、萨其马、三勒浆（酒名）、麻花、肉夹馍、花色点心及饮料等。

明清时期，沿海回族西迁定居甘肃、青海、宁夏等地，西北的三大饮食文化圈逐步形成，饮食文化也逐步明显。以三秦汉、回风味为主体的饮食结构逐步形成，注重用烙、烩、蒸、煮焖、先烙后焖、先烙后煎等烹调方法，操作技法擀、扯、拉、叠等多见，并善于运用明火烤、石子烙等较原始的烹饪方式。味突出咸、酸、辣，主料中较多地运用玉米、荞面、豆类、糜子等多种粗粮。

元代以后逐步形成的陇青饮食文化圈，呈现以回族为主要饮食特征的回汉复合特色，其特点表现在多用炸、烩、煮、烙、焖等烹调方法和使用擀、肠、头、肝、肺、蹄等制作各种羊杂碎，面点原料中具有高原的特点的青稞、豌豆、玉麦、胡麻、香豆子、姜黄等占有很大比例，口味上以咸酸为主，兼顾辣味。

天山饮食文化圈形成以维吾尔族饮食为典型代表，哈萨克族、回族、柯尔克孜族、塔塔尔族、乌兹别克族等民族分争的饮食结构，使用馕坑、烤肉槽原始的烹饪工具，运用明火烤制馕品、烤肉、烤包子类等特色品种，铺以煮、蒸、炸、炒等方法。以羊肉为主馅的面食品种不少，薄皮包子、曲曲、那仁、新疆盘馓、拉条子、炒丁丁面等面食特色浓厚。口味上以咸鲜为主，兼顾酸辣，白胡椒、黑胡椒、香豆子、孜然粉、花椒、姜黄等调味料的使用很普遍。

西北地区的汉餐饮食文化因深受当地多民族饮食的影响而呈多元混合状态。如在三秦饮食文化圈内，传统的汉餐面点早已与清真面食融为一体，如臊子面、水晶饼、牛羊肉泡馍、锅盔等是回族和汉族的大众品种，新疆的炒面、拌面、抓饭、馕等也早为天山南北的汉族所接受，汉餐中的油条、特色蒸包、臊子面、各种炒菜也为广大回族群众所喜爱。

10.2 清真餐饮集聚区代表名点赏析

一、花　卷

（一）文化欣赏

花卷是我国传统的主食性面食品种，尤以我国的北方食用更加普遍，西北地区在回族、维吾尔族、东乡族、撒拉族、保安族等民族的饮食中较为多见，其特点是利用红曲、香豆粉、姜黄等调味颜料，使清真花卷呈现多彩多姿的形态。

最早的花卷可以追溯到秦汉时的蒸饼，后经过不断地改进演变，到了宋代有"子母卷"。至元代有一种带甜味的"鸡丝卷"，亦属花卷。花卷的名称大约始于清代中后期。

花卷在西北的甘肃、青海、宁夏的穆斯林中，犹如汉族广泛食用的馒头一样，是主食中不可缺少的品种。

（二）用料与制作

【原料】精面粉 1 千克，发酵粉 5 克，小苏打 3 克，红曲粉 20 克，姜黄粉 20 克，香豆粉 20 克，植物油 50 克。

【制法】1．取面粉加入发酵粉搅匀，再加入约为面粉量的 50% 的温水，调制面团，置 30 摄氏度下放置 2 小时，直至面团膨发为止。

2．将膨发好的面团加入小苏打，用力揉匀，使面团与小苏打粉充分融合均匀。

3．将面团分成湿重为 500 克 1 份的大剂，每 1 份分别揉圆擀成厚为 0.3 厘米的方片，依次分别撒上红曲粉、香豆粉和姜黄粉，再分别淋上一些植物油，用手抹均匀，然后从一边卷起，形成直径为 4 厘米圆筒条。然后用刀依次切成湿重为 50 克的面剂，依次切完。

4．在每个花卷面剂上部用手指在中间按一下，在用手指互逆一转，四指对接住，即开形成花卷生坯，如此制的红曲花卷 10 个、姜黄花卷 10 个、香豆花卷 10 个。

5．将成品依次摆入笼中，上火蒸 30 分钟即成熟。

（三）名点特点

红、黄、绿几色相间，色彩斑斓，口感绵软有层次，有几种不同的特有香味，能促进人们的食欲。

（四）营养标签（以100克为例）

名点主料	蛋白质／克	脂肪／克	糖类／克	热量／千卡	钙／毫克	磷／毫克	铁／毫克
面粉	11.2	1.5	71.5	344	31	188	3.5

（五）思考与练习

1. 清蒸花卷的制作工艺有哪些要点？

二、金鼎牛肉面

（一）文化欣赏

　　金鼎牛肉面，是兰州回族、汉族面食中最具代表性的一种传统风味面食，最初流行于甘肃兰州，后来广泛流行西北其他地区乃至全国。传统的牛肉面以清末民初兰州回民马保子的最为出名。其制作方法是先将上等面粉调制呈絮状，稍加揉搓后调入适量"蓬灰水"（用一种生长在西北地区的蓬蒿草燃烧后的灰制成的碱性草灰水），揉均匀下剂后，剂上抹油，整齐的排列在案板上，按顾客要求当面拉出粗细宽窄不同的面条，分别称为"大宽"、"二细"、"韭叶"、"毛细"等名称，投入沸水煮熟后捞于大碗中，再浇上牛肉汤，同时加上少量的牛肉丁，煮熟的白萝卜片和辣椒油、香菜、蒜苗等，汤浓味鲜，非常适口。

　　改革开放以来，兰州牛肉拉面由西北逐渐红遍全国各地，制作方法由作坊式的操作向标准化、机械化过度。目前，已成立了以兰州牛肉面为龙头的产业集团，在全国不少城市设有许多分店，在西北的兰州、银川、西宁、乌鲁木齐、伊宁等地的城市中设有牛肉面物流统一配送中心，连锁经营，使兰州牛肉面成为一大产业，为地方经济发展起着积极作用。

　　金鼎牛肉面的一大特色是食用时，一般都配有泡菜碟、糖蒜碟、香辣油、醋汁以及牛、羊肉小笼包等同吃。目前市面上有红烧牛肉面、清汤牛肉面、加肉牛肉面和凉拌牛肉面等多个品种，其制作方法与清汤牛肉面大同小异。

（二）用料与制作

【原料】特制面粉 1.5 千克，牛肉 500 克，牛骨头 750 克，牛肝 150 克，青萝卜 200 克，花椒粉 35 克，草果 5 克，桂皮 2.5 克，桂籽 10 克，姜片 5 克，菜籽油 50 克，味精 2 克，盐 25 克，胡椒粉 30 克，香菜、青蒜苗、大蒜各 50 克，蓬灰水 35 克，辣椒油 30 克。

【制法】1. 将牛肉、牛骨用 5 千克水浸泡 2～3 小时，然后把浸泡后的牛肉牛骨连同血水一起入锅，以大火烧开后去浮沫，加入用纱布包好后的花椒、草果、干姜、桂皮等料包，用小火煮约 3 小时。牛肉烧熟后捞出切成 1 厘米见方的小丁或 0.2 厘米厚的薄片，分别装入碗待用。

　　　　2. 牛肝切成小块放入另一锅中，按上述方法煮约 1 小时，将汤澄清待用。将青萝卜洗净切成 3 厘米见方的丁或 0.2 厘米的三角片，煮熟后过凉水待用。蒜苗切成沫，大蒜去蒂切成末，香菜切成小段待用。

3. 牛肉汤煮好后撇去汤上的浮油，加入泡肉的血水，大火烧开，撇去浮沫，加入料包再煮，再加入澄清的牛肝汤及少量的清水，烧开后撇去浮沫，加盐、味精、胡椒粉和蒜末，即为牛肉清汤。

4. 面粉中加入约750克左右的清水，拌成麦穗状，充分柔和后，放入35克蓬灰水，进一步揉合。案上抹少许菜籽油，将面揪成250克的面剂，搓成长15厘米的条，滚蘸上菜籽油后，整齐的摆放在油案上，盖上塑料布再压上湿布，放置5分钟。

5. 面团撑拉时，用力要均匀一致，注意面条筋力弹性的逐步舒张，拉力度要与面筋弹性的伸张力大小相配。熟制时以煮1.5～2分钟为宜，条粗时可多煮0.5～1分钟。

（三）名点特点

颜色红、白、绿三色相间，牛肉的清香突出，汤鲜，味微麻带辣，面条滑爽筋道有嚼劲，面的本味突出，有轻微的蓬灰味。

（四）营养标签（以100克为例）

名点主料	蛋白质/克	脂肪/克	糖类/克	热量/千卡	钙/毫克	磷/毫克	铁/毫克
面粉	11.2	1.5	71.5	344	31	188	3.5

（五）思考与练习

1. 论述拉面面坯制作关键点？
2. 根据已学知识阐述在撑面时有哪些注意点。

三、青海砖包城

（一）文化欣赏

"砖包城"是一种小麦面与青稞粉制成的双色花卷式馒头。馒头是我国的一种传统面食，起源甚早。早期的馒头是有馅的，这种包肉馅的面食因形似人头而被称为"蛮头"或"曼头"，今称之为包子。

过去的青海由于环境恶劣，气候寒冷，经济落后，农业生产大多以青稞、豌豆、糜子、谷子、荞麦等杂粮为主。改革开放以来，农业得到很大发展，小麦的种植不断扩大，杂粮的种植相对减少，故现在以小麦面粉为原料制成的各种面食为主，杂粮面食为辅。"砖包城"是众多面食中最具有代表性的一种。这种馒头在青海也称"油花"，是用小麦面粉和青稞面混合制成的，松软可口，营养丰富，黑白分明。

（二）用料与制作

【原料】面粉500克，青稞面500克，胡麻籽50克，香豆粉30克，发酵粉10克，植物油

50 克，盐 5 克，小苏打 2 克。

【制法】 1．调制发酵面团时，小麦面与青稞面分盆而调，分别加入 5 克的发酵粉（也可以加酵面）和 30 摄氏度左右的水调制成团，然后置 30 摄氏度下发酵 2 小时。发酵结束后在每种面中加入 1 克小苏打，揉透均匀，再静置饧 20 分钟。

2．将锅置火上，放入胡麻籽以小火焙熟，取出置案板上用擀仗擀碎，再用刀剁成细泥，加入盐调制成胡麻酱。

3．将饧好的面团揉圆后，用擀仗擀开成厚约 0.4 厘米的大圆片，抹上一层胡麻酱，将另一块青稞面团用同样的方法擀开，抹上香豆粉与植物油后，叠在擀好的小麦面面片上，然后从外向里卷成直径 4.5～5 厘米的粗条，再用刀切成重约 100 克的面剂，把面剂的刀切口顶向案板，用手将每个剂子捏成馒头，即可上笼蒸，用旺火蒸 40 分钟即熟。

（三）名点特点

蒸熟的制品呈现馒头状，显螺旋纹，黑白分明，胡麻的油香味与香豆粉的自然新芽味融合在一起，形成一种厚郁的芳香，口感略带咸且带糯性。

（四）营养标签（以100克为例）

名点主料	蛋白质/克	脂肪/克	糖类/克	热量/千卡	钙/毫克	磷/毫克	铁/毫克
面粉	11.2	1.5	71.5	344	31	188	3.5

（五）思考与练习

1．青海砖包城与淮扬名点葱油花卷在制作工艺上存在哪些共同点与异同点？

2．以此名点为创新基础，制作一款创新点心，用料不变。

四、清蒸油旋饼

（一）文化欣赏

清蒸油旋饼，也叫油旋子，俗称花子抖皮袄，是回族、撒拉族和东乡族等同胞日常食用的面食，尤其在回族同胞的餐食中较为常见。油旋子的食用与回族先民的惯用传统油香有关系，它是汉族面食与清真面食相互融合补益而形成的一种典型清真面食，因其制作时在面坯中加油旋转压制而得名。传统的油旋饼制作销售一般都是在沿街门面置一大型吊炉，现做、现烤、现卖，顾客可以随意选择，趁热食用。除传统方法外，目前有一部分油旋饼已采用电烤炉和铁饼铛进行烤制或烙制，比传统方法更加方便卫生，而且易于控制炉温。

在回族人口居住较多的西北地区，油旋饼的制作非常普遍，品种五花八门，如葱油旋饼、姜黄油旋饼、香豆粉油旋饼、羊肉丁油旋饼、椒盐油旋饼等。

（二）用料与制作

【原料】 面粉 1 千克，发酵粉 5 克，小苏打 1.5 克，盐 10 克，清油 100 克，香豆粉 10 克。

【制法】 1. 将面粉 900 克至于盆内，拌入发酵粉，按面粉重量的 55% 比例加入温水约 500 克，调制成面团，在 30 摄氏度下静饧 2 小时，待面团膨发后加入小苏打，搓揉均匀，再略饧 10 分钟使之充分发酵。

2. 用 50 克清油拌上 100 克面粉及 10 克盐，调成油酥面馅心。将揉好的面擀开成厚度 0.5 厘米的面片，抹上油酥馅心和香豆粉，从一边卷起捋直，使其直径为 5 ～ 6 厘米，然后用刀切成 10 个等量的面剂。将每个面剂用双手扣住并旋两圈，放置在案板上用杆擀成直径为 8 ～ 10 厘米的小圆饼坯，再用两手拉长，制成长 13 厘米的长片形饼坯。

3. 待平锅烧热后，刷一层油，然后将圆饼坯或长方形饼坯挨个摆入盘内，下烙上烤，先用中大火，然后改小火，10 ～ 15 分钟后饼坯成两面金黄色即可。

（三）名点特点

饼呈金黄色，表层酥层呈圆形或椭圆形，香豆粉和油脂的香味浓郁，口感外脆内软，令人回味无穷。

（四）营养标签（以100克为例）

名点主料	蛋白质／克	脂肪／克	糖类／克	热量／千卡	钙／毫克	磷／毫克	铁／毫克
面粉	11.2	1.5	71.5	344	31	188	3.5

（五）思考与练习

1. 简述清蒸油旋饼在选料上有何讲究。
2. 根据原料配比简化制作工序。

五、馕

（一）文化赏析

一般认为馕是从中西亚传入我国的，它是农耕文明的结果。需要强调的是，只有在烤坑中烤制出来的才叫馕，反之，即使形状相似，也不能称为"馕"，即它是有特指的。馕在新疆的历史十分悠久。有人认为它是维吾尔族人发明的，但是考古出土的证据却并不能验证这一点。1972 年，新疆的文物考古工作者在吐鲁番的阿斯塔那古墓中发现了残馕，其制作形式和现代维吾尔人的主要食品馕完全一样。经专家鉴定，这些残馕是公元 640 年的葬品，而维吾尔族的祖先回鹘人这时还在漠北高原。

唐代开成五年（公元 840 年），黠戛斯出兵 10 万，攻占了回鹘汗国的牙帐，回鹘汗国灭亡，部落四散。南逃的回鹘为唐朝收编，安置于淮河南北，后来融合于汉族。东奔的回鹘投靠契丹，逐渐融合于其中，所以辽时有"契丹半回鹘"的俗谚。被黠戛斯掳掠的回鹘融入黠戛斯人中，西进的有一部分留在河西走廊，演变为现在的裕固族，另一部分进入吉木萨尔、吐鲁番，以后逐渐进入到塔里木盆地，并先后建立了甘州回鹘国、西州回鹘国、龟兹回鹘国、喀喇汗王朝西回鹘国。这已经是吐鲁番出现陪葬馕几百年以后的事了。可见，馕最先由维吾尔族发明一说还不能成立。但是，馕的确是由维吾尔族人民发扬光大的，现在，馕不仅是维吾尔族人民喜爱的主要食品之一，也成为其他很多民族人民喜爱的食品。

（二）用料与制作

【原料】面粉1千克，盐、干酵母、奶油、香辛调味料末适量。

【制法】1．做黏面糊。用盐水加入面粉中制成黏面糊。

2．做面馅。将调味料、干酵母、盐、奶油和温水加入面粉中，揉匀制成面馅，将面馅揪成剂子待用。

3．做面皮。将溶入盐和干酵母的温水倒入面粉中，边倒边揉面团，再把热熔的奶油倒入面团中揉匀，将面团揪成剂子待用。

4．做馕坯、焙烤。将面皮剂子擀成面皮，用刷子蘸黏面糊刷满面皮，取一个面馅剂子包入面皮中，包严制成馕坯后，入炉焙烤即得成品。

这样制作的夹心馕不仅保持了馕外表金黄、光亮、酥脆的外观，而且改善了馕的品质和风味，增加了馕的品种，提高了产品的档次。

（三）名点特点

馕多为圆形，中间薄脆，有印花，馕边稍厚，大小不一，最大的直径50厘米，小的才口杯大小。刚出坑的馕表面金黄光亮，闻起来香味扑鼻，吃起来香酥可口。另外，因为水分含量少，风干的馕对胃炎有极好的治疗作用。

（四）营养标签（以100克为例）

名点主料	蛋白质/克	脂肪/克	糖类/克	热量/千卡	钙/毫克	磷/毫克	铁/毫克
面粉	11.2	1.5	71.5	344	31	188	3.5

（五）思考与练习

1．简述馕的历史典故。

2．馕与清蒸油旋饼在制作工艺上存在哪些异同点？

六、拉 条 子

（一）文化赏析

拉条子就是新疆拌面的俗称，这是一种不用擀、压的方法而直接用手拉制成的小麦面制品，加入了各种蔬菜和牛羊肉制作的拌面，是新疆各族群众都喜欢的一种面食。

（二）用料与制作

【原料】 面粉 1 千克，羊肉，皮芽子（洋葱），西红柿，时令蔬菜（一般是青辣椒和豆角）。

【制法】 1. 和面。和面的水最好是加了盐的水，这样面要好吃点，而且吃起来很筋道。做拉条子的面不能太硬，不然拉不开。而且和好的面上要抹一些油，然后盖上湿布醒一会。

2. 炒菜。羊肉买回来切厚片，然后用盐和料酒煨着，备用。时令蔬菜切丁，西红柿切开，皮牙子半个切丝，孜然备用。锅里放油，烧至八成热，先把羊肉片下去划一下，然后捞出来。

3. 将油再烧一下，下切好的西红柿翻炒，让油爆起来，放些料酒，皮牙子，放孜然，时令蔬菜。炒几下，放盐、味精调味。如果觉得汤不够，可以加点水。倒入过了油的羊肉片。如果水多了可以考虑放些水淀粉。

4. 开始拉面，将拉好的面条过水煮熟，然后捞到准备好的凉水中过一下，装盘，在面上倒入做好的炒菜即可。

（三）名点特点

汁香浓郁，香味四溢，面条爽滑可口，色泽诱人，令人胃口大开。

（四）营养标签（以100克为例）

名点主料	蛋白质 / 克	脂肪 / 克	糖类 / 克	热量 / 千卡	钙 / 毫克	磷 / 毫克	铁 / 毫克
面粉	11.2	1.5	71.5	344	31	188	3.5

（五）思考与练习

调制面团时为什么要加盐？盐在面团中起哪些作用？

主要参考文献

安徽省饮食服务公司，1988．中国名菜谱（浙江风味）[M]．北京：中国财政经济出版社．

北京饮食服务总公司，1993．北京市旅游事业管理局．中国名菜谱（北京风味）[M]．北京：中国财政经济出版社．

陈忠明，1999．江苏风味菜点 [M]．上海：上海科学技术出版社．

杜巍，2007．食品安全与疾病 [M]．北京：人民军医出版社．

广东省饮食服务公司，1993．中国名菜谱（广东风味）[M]．北京：中国财政经济出版社．

湖北省饮食服务公司，1990．湖北省烹饪协会．中国名菜谱 [M]．北京：中国财政经济出版社．

湖南省饮食服务公司，1998．中国名菜谱（湖南风味）[M]．北京：中国财政经济出版社．

江苏省饮食服务公司，1990．中国名菜谱（江苏风味）[M]．北京：中国财政经济出版社．

邱庞同，2000．中国面点史 [M]．青岛：青岛出版社．

任百尊，1999．中国食经 [M]．上海：上海文化出版社．

孙国云，2000．烹调工艺 [M]．北京：中国轻工业出版社．

孙一慰，1995．烹饪原料知识 [M]．北京：高等教育出版社．

山东省饮食服务公司，1990．中国名菜谱（山东风味）[M]．北京：中国财政经济出版社．

四川省饮食服务公司，1993．中国名菜谱（四川风味）[M]．北京：中国财政经济出版社．

燕龙，1994．名特原料与烹调实用实例 [M]．北京：中国商业出版社．

张厚宝，2000．中国淮扬菜 [M]．南京：江苏科学技术出版社．

赵荣光，2002．麦文化（手稿）．

浙江省饮食服务公司，1990．中国名菜谱（浙江风味）[M]．北京：中国财政经济出版社．

周京力，2007．民以食为天 [M]．北京：中国工人出版社．

周晓燕，2000．烹调工艺学 [M]．北京：中国轻工业出版社．

彩图1　鱼香肉丝

彩图2　回锅肉

彩图3　水煮肉片

彩图4　灯影牛肉

彩图5　砂锅焖狗肉

彩图6　宫保鸡丁

彩图7　太白鸡

彩图8　豆花江团

彩图9　夫妻肺片

彩图10　麻婆豆腐

彩图11　北京烤鸭

彩图12　糖醋黄河鲤鱼

彩图13　宫门献鱼

彩图14　诗礼银杏

彩图15　清炖蟹粉狮子头

彩图16　沛公狗肉

彩图17　叫花鸡

彩图18　苏州卤鸭

彩图19　涟水鸡糕

彩图20　将军过桥

彩图21　文思豆腐

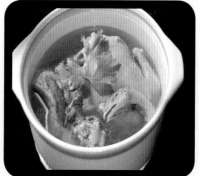

彩图22　霸王别姬

彩图23　天下第一菜

彩图24　蜜汁叉烧

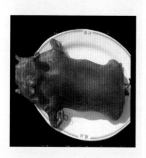

彩图26　片皮乳猪

彩图25　白云猪手

彩图27　大良炒牛奶

彩图28　生炆狗肉

彩图29　佛跳墙

彩图30　东璧龙珠

彩图31　打边炉

彩图32　手抓羊肉

彩图33　大漠羊腿

彩图34　烤全羊

彩图35　龙抄手

彩图36　都督烧麦

彩图37　韩包子

彩图38　蛋烘糕

彩图39　过桥米线

彩图40　赖汤团

彩图41　遵义羊肉粉

彩图42　羊肉烧麦

彩图43 狗不理包子

彩图44 焦圈

彩图45 锅魁

彩图46 红脸烧饼

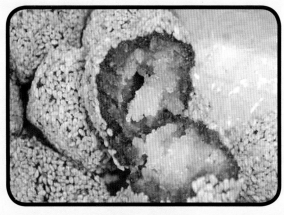

彩图47 闻喜煮饼

彩图48 艾窝窝

彩图49 驴打滚

彩图50 翡翠烧卖

彩图53　黄桥烧饼

彩图54　大救驾

彩图55　吴山酥油饼

彩图56　苏式月饼

彩图57　鲜奶鸡蛋挞

彩图58　蜂巢荔芋角

彩图59 西樵大饼

彩图60 娥姐粉果

彩图61 干蒸烧麦

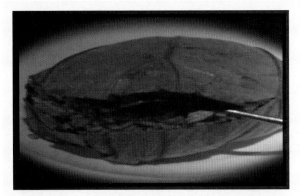

彩图62 鲜虾荷叶饭

彩图63 竹筒饭

彩图64 糯米鸡

彩图65 龙江煎堆

注：彩图66～彩图82为2010年至2012年全国职业院校技能大赛部分参赛作品，这些图仅供读者欣赏，不标图题。

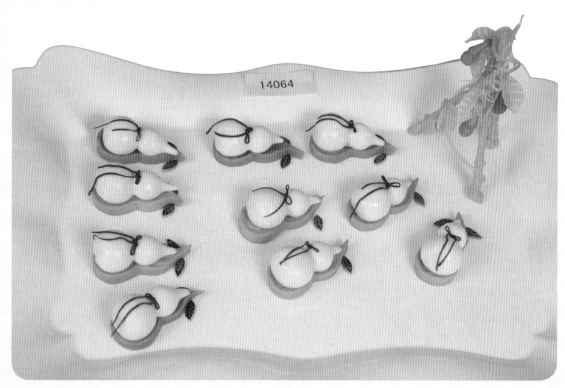

彩图66

彩图67

彩图68

彩图69

彩图70

彩图71

彩图72

彩图73

彩图74

彩图75

彩图76

彩图77

彩图78

彩图79

彩图80

彩图81

彩图82

（TS-0244.0113）

职业教育中餐烹饪与西餐烹饪专业系列教材

中国饮食文化　　　　菜肴装饰

烹饪基本功　　　　　西式面点

烹饪原料（修订版）　宴席设计

烹饪美术　　　　　　西餐烹饪技术

烹饪化学　　　　　　烹饪营养与卫生

烹饪英语（修订版）　中英烹饪实训教程

厨政管理　　　　　　名菜名点赏析

中餐热菜　　　　　　烹饪职业素养与职业指导

中式面点（修订版）　饮食消费心理学

中式冷菜（修订版）　中餐冷拼与菜肴盘饰制作

食品雕刻

www.sciencep.com

扫一扫

科学出版社 职教技术出版中心
http://www.abook.cn

ISBN 978-7-03-035100-5

9 787030 351005

定价：28.00元